U0161977

中国湿地教育中心创建指引

红树林基金会〔MCF〕———————————— 编著

中国林业出版社

图书在版编目（CIP）数据

中国湿地教育中心创建指引 / 红树林基金会（MCF）
编著. -- 北京：中国林业出版社，2021.12
ISBN 978-7-5219-1430-6

Ⅰ.①中… Ⅱ.①红… Ⅲ.①沼泽化地—环境教育—
教育中心—研究—中国 Ⅳ.①P942.078

中国版本图书馆CIP数据核字(2021)第242910号

中国林业出版社·自然保护分社（国家公园分社）

策划编辑：刘家玲

责任编辑：葛宝庆　刘家玲

出版　中国林业出版社（100009　北京市西城区刘海胡同 7 号）
　　　　http://www.forestry.gov.cn/lycb.html　　电话：（010）83143519　83143612
发行　中国林业出版社
印刷　河北京平诚乾印刷有限公司
版次　2021 年 12 月第 1 版
印次　2021 年 12 月第 1 次印刷
开本　787mm×1092mm　1/16
印张　11.5
字数　200 千字
定价　80.00 元

序 一

FOREWORD I

从事自然保护工作20多年，每年用很多的时间行走在大好河山之间，无论在绿意盎然的田地林间，还是水鸟翻飞的滩涂湿地，我常常感叹祖国的地大物博和文化的悠长久远，更感慨其间我们对人与自然关系认知的变迁。

自然保护150多年的发展历程与这一认知过程是相适应的。自然保护最初是纯资源型的保护，以种群和栖息地为关注目标。到20世纪70年代，随着广谱型杀虫剂的使用以及《寂静的春天》《沙乡年鉴》等一系列自然文学书籍发行而引发全球性保护运动后，人类经过对人与土地关系、土地伦理问题的反思逐渐意识到，仅仅保护一些物种、一小片区域是远远不够的，应该关注造成种群下降、栖息地遭到破坏的原因，关注其威胁因素，由此开启了以建立保护地为热潮和标志性的抢救性保护阶段。2000年，联合国启动千年生态系统评估计划，首次对全球生态系统的过去、现在以及未来情况进行评估，并据此提出相应管理对策。自然保护的关注目标从此也在保护之外聚焦在生态系统健康和服务功能上。

党的十八大以后，我国提出了生态文明战略。生态文明是人类文明发展的新阶段，遵循了人、自然、社会和谐发展的客观规律。与之前自然保护理念最大的不同点在于，人类不再凌驾于自然之上，同时也不再桎梏于绝对的自然保护而忽视人的发展。人类的发展不独立于自然，而是作为自然的一分子，以生命共同体为本，实现人与自然共同的可持续发展与和谐共荣。保护的关注目标也就十分自然地放在了人与自然和谐的社会生态系统的发展上。

关注社会生态系统，让我们在享受大自然馈赠的同时，欣赏山川河流之美、理解花鸟鱼虫之语，用心灵的感受建立与自然最真诚的联结。在保护地开展自然教育，就是在构建一座座人与自然沟通的桥梁。保护地所开展的自然教育是为了自然的保护。自然教育的核心任务，不只是让公众感受自然、了解自然、认识自然，而是要引导他们珍视自然、唤醒他们生态保护的意识、让他们认识到这片美好自然世代传承的属性、启发他们意识到每一位到访者都肩负着保护的责任与义务。人与自然的联结必定是具体而真实的，是每一片树叶、每一朵浪花、每一只飞鸟带给我们关于民生福祉幸福感的体验，同时在这样的感动与行动中，自然才能扎根于我们的精神，成为我们真正意义上的家园与故土。

相较于森林和海洋，湿地与人类的关系更为密切，中华文明五千年的历史更与湿地无法分割。比起单个的教育活动或宣传活动，保护地更应从建立科学的教育体系入手，找准自身的独特性，从现实出发，有效组织、有序发展。红树林基金会（MCF）深耕湿地保护工作近十年，在多个工作场域中，围绕湿地教育中心建设，积极开展湿地教育工作。他们基于实践总结的这一整套建设湿地教育中心的工作理论和方法，是我国自然保护地宣教工作向专业化发展迈出的开创性的一步，期望有更多开展宣教工作的自然保护地能够学习之、善用之、发扬之，让人与自然联结的桥梁稳且坚固。

雷光春

北京林业大学生态与自然保护学院教授

湿地公约科技委员会主席

红树林基金会（MCF）理事长

2021年11月

栖息在湿地的候鸟（图片来源：上海崇明东滩鸟类国家级自然保护区）

序 二

FOREWORD II

　　湿地的一个重要特点，就是与人们的距离很近。谁的童年不曾有过在水边嬉戏畅游的美好体验呢？亲水、爱水是根植在每个人心中最原初的自然情感。湿地教育顺应了公众走进自然、愉悦身心的客观需求，是人们感受湿地、认知湿地的有效方法，是推动全社会形成尊重自然、顺应自然、保护自然价值观和行为方式的有效途径。

　　但湿地教育又不只是引导公众嬉戏游玩那么简单。它同时还肩负着宣传湿地保护理念，推动湿地保护事业发展，激励更多公众和社会力量了解、认识、支持和参与湿地保护的任务。阿拉善SEE生态协会与湿地的故事，就始于对湿地保护和教育的关注。从2009年在深圳成立第一个项目中心（深港中心）、2012年成立第一个专注湿地保护和湿地教育的公募基金会（红树林基金会）开始，阿拉善SEE生态协会探索出了社会化参与的湿地保育模式。

　　作为中国企业家群体发起的最具影响力的环保型社会组织，阿拉善SEE生态协会一直关注湿地保护和湿地教育，在深圳、上海、湖北、广西、安徽、江苏盐城、海南等多地与当地政府及保护区开展湿地保护合作，积累了丰富的成功经验。为了提升湿地保护成效，扩大保护参与方式，2020年阿拉善SEE生态协会启动了湿地保护议题联盟，由16个项目中心共同发起成立，旨在构建和推动湿地保护的社会化参与的新的工作机制。湿地教育的发展，是未来湿地保护能够成功的必要条件。为湿地保护地创建湿地教育中心，也是阿拉善SEE生态协会伙伴们一直以来积极参与的重要工作。

　　回顾初心、展望未来，阿拉善SEE湿地保护议题联盟让我们的保护规划，与国家绿色发展战略、国际环保协定、生态保护研究体系接轨，并将为进一步动员社会力量参与环保、发挥国际影响力迈出关键一步。

孙莉莉

阿拉善SEE生态协会会长

2021年11月

2018年9月10日，国家林业和草原局湿地管理司、保尔森基金会、老牛基金会和红树林基金会（MCF）共同发起"中国沿海湿地保护网络湿地教育中心项目"。该项目旨在通过发起建设中国湿地教育中心行动，整体推动中国沿海湿地宣教工作专业化，为有效地保护沿海湿地奠定公众支持和社会化参与的基础。

2018年9月中国沿海湿地保护网络湿地教育中心项目启动仪式

为实现项目目标，2018—2020年，项目组对国内21家湿地公园/湿地保护区的宣教情况进行了线上调研；走访了其中位于华北、华东、华南等地区的15家湿地公园/湿地保护区，对其宣教工作的开展情况进行了实地调研，最终选取河北北戴河国家湿地公园、海南海口五源河国家湿地公园、江苏盐城湿地珍禽国家级自然保护区3家作为湿地教育中心样板点，通过协助其宣传教育工作人员制定湿地教育中心发展规划，提升湿地教育中心的课程设计能力、大型活动组织和宣传能力等，打造中国湿地教育中心实践案例。

　　在项目推进的过程中，我们意识到，在中国建立湿地教育中心并不缺乏从业人员的情怀与努力，缺乏的是一套既有理论支持和实践检验，又符合中国湿地发展现状的湿地教育中心创建和运营指引。在参考中国台湾和香港地区，以及美国、新加坡、韩国等国家在湿地教育方面相关经验的基础上，项目组结合在样板点编制湿地教育中心发展规划的实践经验，编写了《中国湿地教育中心创建指引（讨论稿）》（以下简称《讨论稿》）。

　　2019年10月16日，第三届湿地教育中心研讨会在海口举行。项目组邀请国内外环境教育研究学者和实践者作为项目专家顾问，与来自湿地公园/湿地保护区、自然教育机构的一线环境教育工作者一起，就《讨论稿》的内容进行了充分的研讨。

2019年10月，第三届湿地教育中心研讨会上，项目组为专家授聘书

　　研讨会后，项目组根据参会人员的意见和建议，对《讨论稿》进行了修改和完善，使其更符合中国各湿地保护地开展湿地教育活动的现状，形成了《中国湿地教育中心创建指引》（以下简称《创建指引》），并配套编写了《中国湿地教育中心创建指引实践手册》（以下简称《实践手册》）。

　　2020年12月16日，《中国湿地教育中心创建指引》发布会以线上形式召开，随即红树林基金会（MCF）向行业管理人员、一线工作人员、公众等开放《创建指引》和《实践手册》的领取通道。《创建指引》和《实践手册》面世后，受到同仁的支持和鼓励，同时也收到了不少宝贵的意见和建议。其中之一，便是将《创建指引》和《实践手册》的内容合并，形成一部集方法指导、实践参考为一体的综合性更强的《中国湿地教育中心创建指引》。这次出版的《中国湿地教育中心创建指引》（以下简称《指引》），根据行业反馈建议，将原《创建指引》和《实践手册》的重要内容合并，并新增了优秀湿地教育中心的案例。整合后的《指引》分为理论、实践和案例3篇共5章。理论篇，主要阐述了何为湿地教育中心和湿地教育中心的创建；实践篇，主要从实操角度出发，阐述湿地教育中心的规划和如何开展湿地教育工作；案例篇，收录了国内外优秀湿地教育中心的11个案例，其中，大陆地区案例8个，这些案例从不同角度呼应了理论篇和实践篇中的重要内容，希望借此能够加深大家对《指引》内容的理解。此外，附录中增加了适合湿地宣教工作人员参加的、与湿地教育中心创建工作相关的培训信息。

　　《创建指引》《实践手册》的编写和整合等工作得以顺利完成，要特别感谢各位专家顾问的悉心指导和样板点伙伴的密切配合。在编写过程中，广东内伶仃—福田国家级自然保护区、江苏盐城湿地珍禽国家级自然保护区、河北北戴河国家湿地公园、海南海口市湿地保护管理中心、海南海口市秀英区湿地保护管理中心、海南海口五源河国家湿地公园、海南新盈红树林国家湿地公园、海南东寨港国家级自然保护区、上海崇明东滩鸟类国家级自然保护区、广东广州海珠国家湿地公园、广西北仑河口国家级自然保护区、江苏常熟沙家浜国家湿地公园、江苏昆山天福国家湿地公园、江苏吴江同里国家湿地公园、河北衡水湖国家级自然保护区、广东湛江红树林国家级自然保护区、广东珠海淇澳—担杆岛省级自然保护区、广东深圳华侨城国家湿地公园等湿地伙伴接受了访谈并提供了宝贵的经验。我们还有幸得到了英国湿地与水禽基金会（WWT）、世界自然基金会（WWF）、台北市野鸟会、全国自然教育网络、海口畓榃湿地研究所等众多湿地保护与研究机构的支持，在此一并致谢。同时，感谢各位读者对《指引》提出的宝贵意见和建议。

　　期待与大家共同努力，共创人与湿地生生不息的美好前景。

编著者

2021年11月

目录

C O N T E N T S

引 言

　　湿地与海洋、森林一起，并称为地球的三大生态系统。湿地几乎直接或间接地为全世界提供了所有的淡水资源，对人类和地球上的其他生命来说至关重要。世界上，有超过10亿人依靠湿地谋生，有约40%的物种在湿地中栖息和繁衍。在联合国可持续发展目标（Sustainable Development Goals，SDGs）中，有75项指标需要通过湿地来实现。

一、湿地保护需要公众参与

　　随着农业转移和城市化发展，湿地正以惊人的速度消失。2018年10月，《关于特别是作为水禽栖息地的国际重要湿地公约》《Convention on Wetlands of International Importance Especially as Waterfowl Habitat》，简称《国际湿地公约》，又称《拉姆萨尔公约》）秘书处首次发布《全球湿地展望》（《Global Wetland Outlook》）报告。报告指出，1970—2015年，世界湿地面积减少了35%，从2000年起每年的减少速度越来越快，全球各区域皆是如此。根据2014年发布的《全国第二次湿地资源调查结果》可知，我国湿地总面积为5360.26万公顷，与2004年发布的首次调查结果相比，同口径减少了8.82%，共计减少339.63万公顷，相当于两个北京市的面积。

　　我国湿地类型齐全，是世界上湿地数量较多的国家之一。多年来，各级政府和有关部门在湿地保护方面做了大量的工作。为加强湿地保护，2004年6月，国务院下发了《关于加强湿地保护管理工作的通知》（国办发〔2004〕50号），明确要求以建立湿地公园等多种形式加强湿地保护。党的十八大以来，党中央、国务院就湿地保护做出了一系列决策和部署。2016年11月，国务院办公厅发布了《关于印发湿地保护修复制度方案的通知》（国办发〔2016〕89号）提出，要全面保护湿地、推进退化湿地修复、通过建立湿地公园等方式加强对重要湿地的保护；实行湿地面积总量管控，到2020年全国湿地面积不低于8亿亩[①]，湿地保护率提高到50%以上。全面

[①] 1亩=1/15公顷，下同。

保护湿地已经成为我国生态文明建设的一个重要组成部分。

经过多年的努力，截至2021年，我国湿地保护率已经提高到52.65%，拥有国际重要湿地64个，建成湿地自然保护区602个，国家湿地公园总数达到899个。

在这样的大背景下，如何引导公众正确地认识湿地、培养公众对湿地的情感、发展湿地友好行为、形成人与湿地友好关系的正确价值观，对湿地保护事业来说至关重要。因此，在各种类型的湿地保护地中推动湿地教育中心的创建，通过系统的科学教育和丰富的体验活动，可以让公众获得更多认识湿地、发现湿地之美、参与湿地保护行动的机会，从而化湿地保护的压力为湿地保护的动力。

二、湿地教育是湿地保护的重要内容

党的十八大明确提出了"大力推进生态文明建设""努力建设美丽中国"的要求和目标。如何将其落实到具体的工作中，已经成为每一个管理者需要优先思考的问题。2019年4月初，国家林业和草原局发布了《关于充分发挥各类自然保护地社会功能 大力开展自然教育工作的通知》。通知中指出，我国各类自然保护地虽然在自然教育方面积累了不少成功的经验，但还有很多自然保护地没有开展自然教育工作，自然资源没有得到有效利用，各类自然保护地应建立面向公众开放的自然教育区域、做好自然教育统筹规划、提升自然教育服务能力等。同月，中国林学会联合300多家单位和社会团体在浙江杭州成立了自然教育总校，并对20个首批自然教育学校进行了授牌，其中包括广东广州海珠国家湿地公园、河北北戴河国家湿地公园、广东内伶仃—福田国家级自然保护区等多家湿地公园/湿地保护区。

在全国范围内，与湿地相关的各级保护区有600多个，各地方政府建立的湿地保护小区及各类湿地公园有近千个。这些场地既是重要的湿地保护区域，也是进行系统的湿地教育的最佳场所。在这些场地内建立湿地教育中心，有助于将分散的湿地公园/湿地保护区连成片，发挥辐射作用，以带动各地有志于湿地保护和教育的机构、学校、个人等形成一个湿地保护宣传、生态教育的全国网络。

三、湿地教育中心在中国的发展情况

随着湿地教育事业的蓬勃发展，我国各地不断涌现出优秀的湿地教育中心，如浙江杭州西溪国家湿地公园（以下简称"西溪湿地"）、江苏常熟沙家浜国家湿地公园、江苏吴江同里国家湿地公园、广东内伶仃—

福田国家级自然保护区（以下简称"福田红树林保护区"）、福田红树林生态公园、广东深圳华侨城国家湿地公园、广东广州海珠国家湿地公园等湿地公园/湿地保护区的湿地教育中心。这些湿地教育中心立足本地，积极引导访客体验和参与湿地教育活动，在提升公众的湿地保护意识方面发挥着重要作用。

2018年9月10日，国家林业和草原局湿地管理司、保尔森基金会、老牛基金会和红树林基金会（MCF）共同发起"中国沿海湿地保护网络湿地教育中心项目"。该项目旨在通过发起建设中国湿地教育中心行动，整体推动中国沿海湿地宣教工作的专业化发展，为有效地保护沿海湿地奠定公众支持和社会参与的基础。

与此同时，国内外很多保护组织也在积极尝试各种开展湿地教育的方法，并取得了显著成绩，如中国野生动物保护协会出版的湿地教育教材、世界自然基金会研发的环境教育教材以及相关培训、湿地国际（Wetlands International）推动的湿地学校认证等工作。这些都是我们接下来推动湿地教育的重要基础。

四、国际湿地教育中心的发展经验

我国于1992年加入《国际湿地公约》，成为其缔约方之一。2003年，《国际湿地公约》启动了"CEPA"（Communication, Capacity building, Education, Participation and Awareness，即交流、能力建设、教育、参与和意识提升）计划，以提升各国对湿地保护和合理利用的认识。"CEPA"计划将湿地中心定义为一个人们能够和野生生物互动的地方，并定期举办以湿地保护为前提的CEPA活动的场所。

目前在全球范围，除南极洲以外，各大洲都设立有湿地教育中心。国际湿地中心网络（Wetland Link International，WLI）是全球湿地教育中心伙伴相互沟通和信息交流的平台。很多著名湿地，如新加坡双溪布洛湿地自然保护区、英国伦敦湿地公园、韩国顺天湾湿地公园等湿地教育中心都是其成员。我国香港米埔自然保护区、香港湿地公园、台湾关渡自然公园等湿地教育中心也是这个网络的活跃成员。目前，大陆地区已有9个湿地教育中心加入WLI，包括上海崇明东滩鸟类国家级自然保护区、河北衡水湖国家级自然保护区、西溪湿地和福田红树林保护区等。

五、新形势下湿地教育中心建设与发展趋势

（一）湿地教育中心建设面临更高要求

随着我国湿地保护工作的逐步推进，湿地教育工作也迎来一个新的

发展契机。一方面，新增的湿地保护地需要将湿地教育、公众宣传等作为重要的工作内容贯穿始终。另一方面，过去已经开展过湿地宣传教育工作的保护地，则需要在已有教育设施的基础上，提升硬件条件，并在教育规划、方案设计、人员培养等方面进行深化。

过去，在宣教工作中惯用的"展厅、步道加展板"的"三板斧"模式已经无法满足生态文明建设对湿地教育的新要求。通过与各地湿地中心伙伴的深入交流，发现目前湿地教育中心的建设应更加注重以下三方面的内容：①注重规划对湿地教育工作的全面设计和引导；②湿地教育应支持和回应湿地保护目标；③湿地教育工作应重视教育活动效果的评估。

（二）湿地教育中心发展的主要方向

第一，湿地教育中心建设需加强统筹规划。随着公众对自然保护地的关注度越来越高，生态旅游、研学等各类自然教育活动逐步将自然保护地作为重要的活动目的地。湿地自然保护地管理部门在开展教育活动时，要避免活动内容零敲碎打、缺乏关联，甚至对自然资源带来损害。湿地自然保护地管理部门应主动对教育工作进行整体规划，真正体现湿地的生态价值，支持保护目标。

第二，湿地教育工作重心由"硬件"向"软件"转化。以前，湿地教育中心的建设工作多以修建展厅、步道、观鸟屋等设施为主。但事实证明，如果缺乏整体规划和设计，只注重"硬件"建设而忽略与之相配套的教育活动方案设计、人员培训、管理运营制度等"软件"建设，即使"硬件"再完备，也无法充分发挥湿地教育中心的作用。因此，未来湿地教育中心的工作重心应转向以专业能力为依托的自然教育服务。每个湿地教育中心的核心特点和独特性将通过活动方案、课程研发、解说设计、人员培训等"软件"来展现。

第三，湿地教育中心应该成为社会参与湿地保护的平台。大部分湿地自然保护地的科研宣教人员编制有限，要实现教育服务的全面提升，就需要寻求更多的专业支持，比如，通过与教育部门、科研院校、自然教育机构、社会组织、公益资源等进行合作，将湿地自然教育中心搭建成为动员各界社会力量参与保护的平台。正如《关于充分发挥各类自然保护地社会功能　大力开展自然教育工作的通知》中所指出的，要秉承"开放、自愿、合作、共享、包容、服务"的理念，加强统筹，广集智慧，强化协调服务，满足公众对体验自然、感知自然、学习自然的需要。

图片来源：广东湛江红树林国家级自然保护区，张国安 摄

理论篇 湿地

中国湿地教育中心创建指引

第一章
何为湿地教育中心

　　简单地说，湿地教育中心提供了一个人与湿地进行交流的场所，是各种类型的湿地开展教育工作的方式之一。在湿地教育中心进行场馆建设、举办教育活动等日常工作的背后，离不开场地、人员、方案和可持续发展四个要素的有机互动。

一、湿地教育中心是什么

　　湿地教育中心是由不同级别、不同类型的湿地保护地，基于各自的保护目标、自然和文化资源等本地特色而设立的，面向各类访客开展湿地自然教育活动，引导人们走进湿地、体验湿地，感受湿地生态之美，提升湿地保护意识，参与湿地保护的场所。

　　湿地教育中心常常被冠以湿地环境教育基地、湿地教育学校、自然教育学校、自然教育基地等名称。它不局限于一个展厅、一栋观鸟屋、一套宣传品，其范围和内涵可扩大、延伸到整个湿地保护区、湿地公园。湿地教育中心可以为人们提供亲近湿地的美好环境，同时也是学习湿地知识、与湿地建立联结、培养湿地保护意识和促进湿地保护行动的重要场所。

二、湿地教育中心的适用范围

　　根据以上定义，湿地教育中心适用于包括国家公园、自然保护区和自然公园在内的所有类型的湿地自然保护地。湿地教育活动的开展，应在保护地的一般控制区范围内进行。

　　同时，在国家自然保护地体系以外，具有湿地生态资源及保护价值的风景名胜区、城市公园、生态农场、博物馆、学校等，皆可将建立湿地教育中心作为开展湿地教育工作的方式之一。

三、湿地教育中心的四要素

　　在创建和运营湿地教育中心的过程中，应始终考虑4个关键要素，

即场地、人员、方案和可持续发展（图1-1）。在进行湿地教育中心规划
（详见第三章）时，首先应单独地对每个要素进行梳理和分析，然后根
据学习策略、工作目标和实施计划的要求进行整体规划。

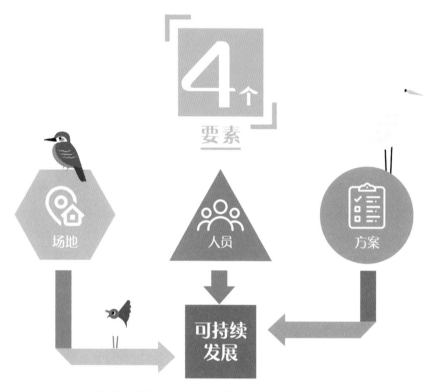

图1-1　创建湿地教育中心的四要素

　　场地、人员、方案各有独立的含义又相互联系。可持续发展是湿地
教育中心运转的基础，包含了完善其他3个要素所需要的资金、合理的
经营管理模式，以及在发展过程中对提升场地设施、人员数量及能力、
方案等方面的内在要求。

（一）场地

　　场地，通常指湿地教育中心向访客提供解说及学习信息的所有物理
空间，如各类室内外活动区域，包括步道、休憩区、教室、科普展厅。
通常来说，自然保护地的核心区不允许游客进入，而这些区域往往具有
较高的生物多样性或独特的动植物资源，是非常好的教育素材来源。此
时，湿地教育中心可以通过某些设计或设施，来增加访客的视觉可达
性，比如设置观景台、提供望远镜，让访客即使身处远距离，也可以从
视觉上体验到湿地的场域特色。

第一，对一个湿地教育中心来说，最重要的场地就是自身所处的湿地生态环境。教育场所的选择及营建，皆需考虑如何在保证生态承载力及遵守保护管理规定的基础上，让访客尽可能地亲近真实的湿地环境，激发其对湿地环境的好奇心并渴望参与相关活动的兴趣。

第二，教育活动场所的选择，应认真考虑访客的可达性及安全性。湿地内的步道、方向导识等设施应做到便捷、完整，以帮助访客进入湿地环境，体验湿地特色。这些设施还应满足开展解说或教育活动的需求，如易到达的集合地点、亲水活动平台。

第三，场地建设应符合湿地教育中心的使命及规划，始终贯彻环境友好原则，不要影响生态环境或野生动植物的栖息地等。此外，在设计和建造上还应考虑周围环境特色，使选材、上色、造型等与环境相符相融。

第四，场所应能够满足不同群体的使用需求。不同类型的访客有不同的需求，因而需要不同的活动空间，如观鸟人士需要观鸟设施，亲子家庭则可能更需要餐饮、休憩的地方。另外，还应考虑到特殊人群的需求，如为肢体残障人士提供无障碍通道，为视觉障碍人士提供特殊的引导和解说设施，还应设置母婴室、儿童友好区域等场所。

湿地教育中心一旦投入使用，其设施就需要定期、长期地进行维护、更新、升级等工作。要对"硬件"设施的使用情况进行长期评估，以确认该设施是否达到了设立的目的。其评估方法有收集访客的反馈信息，如观察游客停留、使用情况，询问访客使用感受；还有计算设施的维护成本，如正常使用时所需的能源和物料、损耗的速度、更新需求。通过对设施的日常评估，逐步提高其使用率并淘汰耗能高、性价比低的设备，提升访客的体验感。

以下是一个湿地教育中心通常需要具备的场所及设施。

1. 入口

入口是湿地教育中心非常重要的信息传递节点。它既要满足访客进入、聚集、停留的需求，还应具有营造场地氛围、表达欢迎、提升访客期待、介绍各类湿地活动、发布管理信息等重要功能。一般来说，入口处都有精心设计的标志建筑，但只有标志是不够的，这个重要的地点还需要以下设施。

①场地介绍：以清晰、明确的内容帮助访客了解场地的核心信息（图1-2）。

②导览图：用于展示湿地教育中心的分区、路径、主要设施等（图1-3）。

图1-2　美国银湖湿地（Silver Lake）的解说步道入口，明确地提出这个湿地的核心信息——"一个湿地庇护所"

图1-3　福田红树林生态公园的导览图，展示公园分区和主要游览步道

③管理信息：用于向访客说明进入湿地的行为要求（图1-4、图1-5）。

④活动信息：发布活动信息以及参与方式（图1-6）。

图1-4　福田红树林生态公园入园须知　　图1-5　香港湿地公园观蝶守则

图1-6　香港湿地公园的活动信息栏

2. 步道及休憩、观景点

湿地地形大多平直宽阔。蜿蜒的栈道是引导访客在湿地顺畅穿行，与自然亲密接触的重要设施。

根据湿地内不同区域的管理和维护要求以及环境承载力的限制，湿地的步道可以划分为不同等级。在访客活动集中或者有汽车、电瓶车通行的区域，可以按需修建硬化路面，但是在靠近生态敏感区或附近有野生动物活动的区域，则应以简易的自然步道为主，在步道的长度、宽度及施工体量方面应详细地进行规划和设计。

湿地的步道沿线通常有供访客休憩和观景的平台。休憩和观景设施应与环境相融，避免访客活动过多而对周围的野生动植物造成影响。

3. 方向导识

方向导识设施是指能够帮助访客了解湿地游览步道等设施的所在位置、具有指引方向作用的标识系统。它们通常被设置在一些道路入口和交叉口处。设置方向导识设施应考虑以下几点：①以场地区域及其功能划分来规划访客的到达区域；②注意环境安全及访客安全，既不要对环境造成破坏，又要避免让访客进入危险区域；③人流较集中的地区，方向导识的布设应较为明显、集中，在环境较为敏感、人流较少的地区，则以适用为宜。

4. 观鸟设施

湿地是鸟类的重要栖息地之一。对许多湿地自然保护地来说，迁徙候鸟的种群状况与其保护目标紧密相关。因此，让访客有机会亲近鸟类、了解鸟类保护工作，也是湿地教育中心的工作内容之一。搭建观鸟设施是为访客提供观鸟机会、了解鸟类的方式之一（图1-7、图1-8）。

图1-7 江苏常熟沙家浜国家湿地公园中的观鸟步道

图1-8 伦敦湿地公园内的观鸟设施

（图片来源：英国野鸟与湿地基金会）

观鸟设施种类多样，如带有遮蔽功能的观鸟亭、隐藏式的观鸟屋或者开放式的观鸟平台。设施内可放置鸟类主题的解说信息、观鸟行为指引等，这些观鸟设施的选点、造型设计、建设以及使用管理也非常重要。

5.解说设施

设置解说设施是湿地教育中心宣教工作的重要内容。大部分访客正是通过这些解说设施来了解湿地信息的。规划、设计解说设施，要依据湿地教育中心学习策略中对解说活动的规划，根据具体场地的解说主题，结合现场环境及步道路径，针对不同的访客群体，进行系统、完整的设计（图1-9）。

传统解说设施主要以各类户外图文解说牌为主，未来应更加注重访客体验的提升，采用更多实景或线上互动的手段，为访客提供独特而印象深刻的解说体验。

图1-9　深圳湾公园的鸟类主题解说牌

6. 访客中心

访客中心通常会建设在入口或访客聚集区域（图1-10），一般会具备以下功能：

①为访客的集合与停留提供足够的休憩空间和设施；

②场地总体介绍，介绍所在湿地的背景及重要的地理、生态及人文价值等；

③帮助访客了解湿地有哪些区域和活动，以及如何参与等信息；

④为访客提供咨询，发放宣传单等资料，接受访客报名及预约参加各类活动；

⑤提供场地内交通及接驳车服务等；

⑥提供小型的讲座、报告、展览或分享空间；

⑦提供餐饮、会务服务等。

访客中心的功能虽多，但体量不宜过大，更不能影响湿地的生态环境，要与周围环境相融。生态环境特别敏感的湿地的教育中心可以不设访客中心，将其功能进行简化和拆分。

图1-10 上海崇明东滩鸟类国家级自然保护区捕鱼港访客中心，小小空间内，设有场地介绍、活动信息以及访客咨询台和休息凳（陶艳 摄）

7. 湿地生态展厅

在经费及运营条件允许的情况下，湿地教育中心可以设置以湿地为主题的生态展厅，但在建设前需明确展厅的使用需求及教育功能，以及展厅要如何为湿地的教育目标服务、如何满足不同访客的需求等问题。展厅的建设成本高、建设周期长，后续的运营、维护费用也比较高，需要湿地管理部门有足够的人员及专业团队支持。一个好的展厅设计，有助于访客获得更好的学习体验、快速而有效地了解湿地信息，是湿地教育中心的一个亮点（图1-11至图1-13，深圳湾公园湿地教育中心小型展厅）。

展厅的设计和规划应紧密结合湿地的生态特点，尤其要注意与户外环境、解说系统及教育活动相联系。展厅内的展陈应以突出互动、亲手体验功能为主，避免不必要且造价高的声光电设施（要与科技馆相区别）。

展厅的规划应考虑空间的复合功能，比如，如何在有限的区域内同时满足对报告厅、教室、临展、活动室等的需求（更多关于展厅内容详见第84页设计展厅）。

图1-11　小型生态展厅，也可作为教室或活动室

图1-12　访客可进行互动和体验的展陈设施　　图1-13　在本土植物展厅访客可进行"五感"体验

（二）人员

一个好的湿地教育中心，离不开一支专业的运营队伍。湿地教育中心的工作得以顺利开展，需要团队的密切配合和每个成员各司其职。湿地教育中心的所有工作人员，可大致分为基础团队和其他人员。基础团队包括湿地管理部门正式在岗的人员，负责中心核心工作，如教育活动的规划与执行，包括教育、行政、传播人员等。其他人员则是为基础团队提供支持的人或团队，包括外部专家、合作机构、兼职讲师等。

为确保所有人员的工作达到预期目标，并帮助其提升工作能力，应对其工作表现进行监督和评估。对不同岗位的人员进行工作效果评估，要采用不同的方式。尤其是当团队发展到一定阶段，出现专业分工时，就要根据不同的岗位要求及个人特点来制定考核标准，并结合其学习动力和工作目标，开展常态化的评估和反馈。

1. 教育人员

教育人员是湿地教育中心队伍的核心。教育人员不仅需要了解、深度参与并实践中心的教育规划，还要研发、执行、评估教育活动，并不断完善教育工作方法、提升教育工作质量。

每位教育人员可能具有不同的专业特长，但都应具备基本的教学活动执行能力，以及学习、理解和贯彻教育理念的能力。此外，在具备以上基本能力时，还要不断学习和提升自己研发、评估教学活动的能力，与学校、社区开展合作交流的能力等（表1-1）。

就像自然界中的光谱，每一种颜色都有其独特性和不可替代性，所有色彩的有机分布才能构成完美的图画。在一个湿地教育中心内部，根据运营情况设置的岗位都有其价值，人员的合理调配和组织是运营成功的关键一步。

根据湿地教育中心实际运营需求，可以大致将其对应教育人员的工作能力需求做如下划分。

①横向，是对同一能力三种不同的深度要求，比如教育方案，能够理解教学方案并按教学要求执行就满足了"基础执行"阶段的能力要求，对要达到"研发与评估"能力的教育人员而言，则需要能够独立制作完整的教学方案。

②纵向，是对同一教育人员工作能力广度的要求。在"基础执行"阶段，需要具备前6项能力；"研发与评估"和"拓展与规划"分别增加一种能力。

表1-1　湿地教育人员的能力光谱

专业能力	基础执行	研发与评估	拓展与规划
环境教育基本概念掌握程度	理解环境教育的核心概念，包括理念、定义、目标、意义等； 能够明确湿地教育中心的意义，理解环境教育工作的意义和职责，认同自身工作价值和使命； 对人与自然的关系有正确的认识；认可并践行可持续发展理念。	能将环境教育的理论要求与教学实践相联系，融入活动设计中。	能够按照环境教育的要求设计湿地教育中心的教育规划。
基本生态素养	能够对湿地生态系统有基本的认识。	对湿地生态系统、生态监测过程和方法等有进一步了解和学习； 能够以湿地保护内容为主题，提炼和研发相关教学活动。	能够看懂自然保护地的总规、监测数据、研究报告等资料，并把握湿地生态的核心内容。
教育方案执行研究能力	具备基本的户外活动操作经验。	能够独立制作完整的活动方案。	能针对不同目标提供不同的教学方式，并制订教学计划。
	能理解教学方案并按教学要求执行。	具备入校教学的能力。	
	能独立带领教学活动。	了解和教学方案相关的学校课标要求。	能辅导同事或团队进行教学计划的细化和完善。
	能准备教学所需教具。	能有效带领教学活动并达到教学目标。	
	思路清晰、表达清楚、态度真诚、积极互动。	能设计并撰写环境解说文案。	
志愿者动员和管理能力	能开展志愿者队伍管理、记录、沟通、反馈等日常工作。	能设计志愿者培训方案并执行。	能完成湿地中心的整体志愿者参与和动员规划。
教学评估能力	能按照评估计划实施问卷或访谈调查。	能设计评估问卷和访谈大纲； 能分析评估结果，并撰写评估报告。	具备方案规划、评估体系设计和修正的能力。

（续）

专业能力	基础执行	研发与评估	拓展与规划
场地管理能力	熟悉中心的教学设备和设施； 熟悉中心所在场域的自然资源、人文资源等； 熟悉场域安全评估准则与方法。	能进行场域安全评估管理； 能根据教学要求对场域、设施提出改善建议。	
培训能力	能够完成培训计划中的单个培训单元。	能够制订完整的培训计划并实施； 能够针对志愿者设计并实施培训； 能够针对同行设计并实施环境教育培训。	能够设计并执行面向湿地教育中心的规划培训。
活动策划、营销能力		能够利用多元方式推广中心的教育活动； 能够从教育目标出发，策划环境宣传、推广活动。	具备基本的传播意识，和专业的策划、营销人员协同合作，完成中心的推广传播规划。

2. 行政人员

行政人员是维持湿地教育中心正常运营不可缺少的部分，可细分为行政后勤人员，如财务、人力资源、安保；支持教学活动的人员，如志愿者管理人员（若有志愿者团队）。

3. 传播人员

传播人员是开展湿地宣教动员工作的核心，主要负责湿地教育中心的对外宣传和品牌建设，策划、组织宣传活动，对接媒体、合作及采访等。他们不仅要负责制订湿地教育中心的宣传计划，还要负责维护各类媒体、传播渠道以及更新自媒体平台消息等。

4. 志愿者

是否需要志愿者，可根据湿地教育中心的实际情况来决定。志愿者的工作类别、工作范围和权利义务应在湿地教育中心岗位需求的基础上，通过培训、制定工作目标等方式与志愿者提前确认。志愿者按个人意愿和能力可以选择不同服务岗位（图1-14、图1-15）。

5. 其他外部人员

其他外部人员主要包括合作机构、社会组织、外部专家等，对湿地教育中心开展各项工作，例如，培训、课程研发、规划、项目执行、评

图1-14　科普展馆讲解志愿者

图1-15　保育志愿者在协助工作人员制作鸟巢

估等，提供专业支持和帮助，以弥补湿地教育中心在专业上及人力上的不足，为内部工作团队提供支持。

（三）方案

方案，是湿地教育中心所有活动及课程的核心，应为自然保护地的使命及保护目标服务。一个好方案，可以成功地传达出湿地的自然之美、人文历史特点等信息，让参与者了解湿地的独特价值，与湿地产生联结，进而激发其参与保护行动的动力。

湿地教育中心的活动多种多样，最基本的活动方案包括解说方案、参与性活动方案、课程方案、传播方案。所有活动都应根据其类型制作相应的活动方案，以满足不同目标访客的需求，实现湿地教育的目标。

为了确保湿地教育工作能够有效地回应湿地教育中心规划的要求，并最终实现规划目标，需要对教育活动方案、课程设计及其执行情况进行常态化的评估，还要对解说系统、传播工作等进行长期的监督与评估。不同活动对目标访客所产生的影响需要通过评估来检验，这是方案评估中的重要内容。根据不同的专业要求及目标，可以为不同的活动设计不同的评估方法。

第四版《国际湿地公约》"CEPA"计划（2016—2024年）的核心内容包括"交流、教育、参与、意识提升，以及能力建设"。这些核心内容被应用到湿地教育工作的各个层面，以支持《国际湿地公约》的目标——湿地得以受到保护、合理利用及修复，其重要作用能够得到所有人的承认及重视。

"CEPA"计划的首要目标为"人们为湿地保护及合理利用采取行动（People taking action for the conservation and wise use of wetlands）"。"CEPA"计划所强调的原则涉及湿地教育工作的方方面面，尤其强调不同利益相关方在各个层面的沟通互动、参与赋权、发展培训、有针对性的宣传和潜移默化的影响，并最终都以激发目标访客为湿地保护采取行动为目标。

在参照"CEPA"计划的原则制订工作计划的时候，湿地教育中心应重视与利益相关方的沟通和互动，并能面向不同的目标访客采取不同的工作策略，以激发和动员最多的人群参与湿地保护行动为目标。

举例1　某个湿地公园的CEPA活动举例

Awareness（意识）

Communication（传播/交流）

Education（教育）

Participation（参与）

大事件、（自）媒体传播
- 年度自然艺术季活动

- 环境日活动（如湿地日、候鸟日、地球日等）

学校合作课程
- 红树之旅
- 候鸟之驿
- 认识潮间带
- 湿地种子漂流记（入学校活动）

- 教师培训
- 学校项目式学习（Project-based Learning, PBL）课程

非人解说及人员解说
- 红树主题解说径
- 海绵城市解说径
- 候鸟解说径

- 本土植物修复区导览
- 候鸟季定点导览

公众参与活动
- 清理入侵植物
- 红树复育
- 海漂垃圾净滩

Capacity Building（能力建设）

1. 解说方案

解说规划是湿地教育中心规划工作的重要内容之一。解说应以推动目标访客理解、认可并支持湿地保护工作为最终目的。解说的对象应包括所有可能的访客群体；解说的应用场景应包括湿地面向访客开放的所有区域；解说的内容应涵盖湿地重要的场地信息及相关管理信息；解说的内容应包含与湿地相关的生态、人文等知识。湿地的所有工作人员，包括教育人员、保育人员、志愿者都会或多或少地参与解说工作。解说的手段应包含多种媒介及方法，以丰富多元、互动有趣的方式影响访客（图1-16）。

在进行解说规划的时候，湿地教育中心往往需要借助更多来自外部的专业力量，在科普、传播、教育、视觉设计等方面获得支持。

解说的实现手段大致可以分两类：①几乎完全依靠解说设施来实现的"非人解说"；②全部或部分依靠解说人员实现的"人员解说"。一般来说，湿地教育中心向大部分公众提供的解说服务，都是由"非人解说"完成的，只有很少比例的公众可以接触到人员解说。在进行解说规划及实践的时候，要注意以下原则。

（1）以场地的生态环境特点、教育中心的创建使命为基础 解说是为实现场地目标而服务的。解说应紧密切合湿地的生态特点及核心信息，向访客传达湿地保护的意义。

（2）以访客的需求及体验为核心 解说不只是提供信息，更重要的是设计访客在湿地内的体验活动。应根据不同访客群体的喜好、接收信息的能力和习惯等特点，来制订不同的解说计划，提高访客在湿地内的

图1-16　在深圳湾公园栈道上开展的定点观鸟导览活动，每场约30分钟

体验质量。例如，亲子家庭可能更注重感官、体能上的体验，而成年人则更易被历史、文化等内容所吸引。

（3）信息传达的一致性与统一性　解说的手段可以丰富多样，但内容应保持一致，不可偏离重要信息，也不应有模棱两可或前后冲突的信息。

（4）设计连贯、完整的解说计划　重要的解说主题需要系统、连贯的设计。场景内的不同节点可构成体验式的解说路径，围绕重要的解说主题，以解说内容帮助访客理解更加丰富、深入的环境信息。为了激励访客从认知到行为的转变，解说主题应该包含人与湿地的联结内容，如人为活动对环境的影响、可持续生活方式的倡导，以及如何参与湿地保护行动。

（5）注重对解说的监测和评估　解说实施之后并非一劳永逸，从非人解说设施到人员解说活动，都需要进行长期的跟踪监测及评估。对不同目标访客所采取的解说手段及内容，应根据其反馈不断进行调整和更新。人员解说活动可以通过问卷调查的方式现场收集访客反馈的信息，非人解说设施则可通过观察访客的使用情况、询问访客的使用感受等方式来收集信息。

2. 参与性活动方案

参与性活动是指访客亲身参与到自然保护地的保育、教育各项工作中。此类活动以自然保护地实际开展的保育、教育类工作为基础，主要包括志愿者活动、公众科学活动以及与自然保护地日常工作相关的活动，如土壤改良、生态监测。

参与性活动方案的设计也需要依据湿地的整体学习策略（具体内容见第71页编制访客学习策略），围绕场地的环境特点及保护使命，以加深参与者对湿地保护的认识和支持为目的，使活动具有明确的教育目标，而不是简单的娱乐、游憩。

这些活动所具有独特的体验性，能够让参与者的知识和技能有所提升、行为有所改变。例如，为企业设计社会责任类的活动，可让其员工参与清理入侵植物的工作（图1-17），这样既能让员工在活动过程中了解和学习湿地中有哪些入侵植物、入侵植物的危害、如何防治入侵植物等知识和技能，又可以引导他们在日常生活中注意避免传播入侵物种的行为。

自然保护地通过开展参与性活动，能够在公众的协助下取得一定的保育、教育工作成果，实现公众在启发觉知、提升知识、增强情感之后，掌握环境技能并实现参与环境行动的最终目标。访客通过亲身实践，能够加深对自然保护地开展各项保育、教育工作意义的理解，并可能在未来采取更有力的行动支持自然保护地的发展。

图1-17　企业员工参与清理入侵物种活动现场

3. 课程方案

湿地教育工作的推动离不开与学校的合作。湿地教育中心应将与周边学校的合作作为重要的工作内容之一，并设计相应的课程（图1-18）。

图1-18　学校户外湿地教育活动中学生用任务单

以往学校到湿地开展活动的方式，大多以观光、游览为主。但人数众多的短期观光活动，很难达到湿地教育的目标。在与学校合作时，湿地教育中心应更多地考虑采用常态化的校外教学、研学、教学项目等方式进行（图1-19）。

为学校设计课程，应考虑与国家教学大纲及课程标准的要求相结合，让湿地教育真正成为学校正规教学的延伸，融入学校的常规教学活动中。为学校设计湿地教育课程，要求教学目标明确、方法严谨、教学效果可评估。在方案研发过程中，应和学校领导、学科组负责人、任课教师等进行深入的交流和探讨，邀请其参与研发过程，共同规划教学场地选取、教学内容制定、教材选定等工作（图1-20、图1-21）。

图1-19　到湿地中开展教学活动

举例2　《神奇湿地——环境教育教师手册》

2017年开始，红树林基金会（MCF）与深圳市福田区教育科学研究院及一线教师合作，持续进行本土化课程的研发，编写了适合中我国国情的中小学湿地教育教师手册——《神奇湿地——环境教育教师手册》。在人民教育出版社课程教材研究所的专业支持下，本书与我国现行的学科课程标准相结合，按照适合教师使用特点和要求的体例进行了编排。内容聚焦湿地主题，有明确的评估目标。书中收录的全部活动均在湿地教育中心或学校实践过，集合了来自一线环境教育工作人员和在校教师双方面的教学经验。本书于2020年正式出版。

图1-20　与学校课标相结合的湿地教育参考资料——《神奇湿地——环境教育教师手册》

图1-21　保护区宣教人员、学校教师共同参与《神奇湿地——环境教育教师手册》培训

🔍 **举例3** **湿地户外课《生机勃勃的潮间带》涉及的年级学科课程标准内容**

　　《生机勃勃的潮间带》是红树林基金会（MCF）面向3～12年级中小学生开发的一门户外环境教育课程。该课程让学生通过户外观察的方式，了解潮间带常见的植物、鸟类和大型底栖动物。本课程旨在引导学生观察，建立学生对潮间带的情感联结，培养他们对大自然的亲近、喜爱之情。

年级	学科	内容
3～6年级	科学	科学 • 能根据某些特征对动物进行分类。 • 识别常见的动物类别，描述某一类动物（如昆虫、鱼类、鸟类、哺乳类）的共同特征。 • 举例说出动物可以通过眼、耳、鼻等感知环境。 • 举例说出动物通过皮肤、四肢、翼、鳍、鳃等接触和感知环境。 • 举例说动物在气候、食物、空气和水源等环境变化时的行为。 • 举例说出常见的栖息地为生物提供光、空气、水、适宜的温度和食物等基本需要。 • 认识到人与自然环境应该和谐相处。 • 认识到保护身边多种多样的生物非常重要。
7～9年级	科学 地理 生物	科学 • 了解我国生物保护与自然保护的意义和措施，增强保护生物多样性的自觉性。 • 知道自然界中存在众多物质间的循环与转化。 地理 • 举例说出某国家在自然资源开发和环境保护方面的经验、教训。 生物 • 举例说明生物和生物之间有密切的联系。 • 概述生态系统的组成。
10～12年级	地理 生物	地理 • 结合实例，说明自然资源的数量、质量、空间分布与人类活动的关系。 • 结合实例，说明设立自然保护区对生态安全的意义。 • 运用图片资料，说明海岸的主要类型以及从海岸到海洋的地形变化特点。 生物 • 阐明具有优势性状的个体在种群中所占比例将会增加。 • 说明自然选择促进生物更好地适应特定的生存环境。 • 举例说明阳光、温度和水等非生物因素以及不同物种之间的相互作用都会影响生物的种群特征。 • 举例说明生态系统的稳定性会受到自然或人为因素的影响，如气候变化、自然事件、人类活动或外来物种入侵。

（资料来源：《神奇湿地——环境教育教师手册》）

4.传播方案

湿地教育中心的社会影响力不仅体现在场地本身，也需要通过传播手段影响到更广泛的社会空间。因此，需要制定让公众了解湿地信息、培养湿地品牌甚至能吸引更多社会资源的传播方案。

一般来说，每个与湿地保护相关的环境节日都是开展传播活动的重要契机，如国际湿地日、世界环境日、国际生物多样性日、国际爱鸟日。有些湿地还会策划专门的传播活动，如湿地艺术节、生物多样性速查、观鸟比赛（图1-22）。湿地教育中心可以为这些活动策划专门的传播方案，其目的不仅在于影响来到湿地的访客，更可以通过与媒体的合作，接触到更广泛的人群。

持续不断的公众活动，可以让湿地在公众中保持活跃度，提升湿地的知名度及教育品牌，吸引更多人的关注。

图1-22　台北关渡自然公园每年举办的自然艺术季活动（图片来源：台北关渡自然公园）

（四）可持续发展

可持续发展是湿地教育中心得以延续并不断成长的推动力量，也是中心能够良性运转的基础和保障。它主要包括健康、稳定的资金来源，湿地教育品牌与传播，以及良好的运维能力等。

成功地建设一个湿地教育中心，不是一朝一夕之工，尤其需要确保中心能够持续获得维持自身稳定发展的资源。

在过去，湿地教育工作往往面临"缺钱、缺人、缺能力"的困境。要解决这些问题，核心是在资金、人员发展以及抗风险能力等方面，对湿地的运营及发展进行可持续规划。

1.健康多元的资金来源

开展湿地教育工作的先决条件是资金的支持。湿地教育的资金来源一般包括政府拨款、活动运营、商业运营、特许经营、专业培训及咨询、社会捐赠等。湿地教育中心的资金来源越多元，财务状况就越健康。

湿地教育中心应基于自身的经费预算，对资金来源进行规划。在制订预算时，应注意除了各种"硬件"设施初期的建设费用外，还需要预留出运营和维护费用。在中心开始运营之后，教育人员的费用也会在中心的总成本中占到重要的比例。此外，还应考虑持续性的活动研发、监测评估、人员培训等支出。

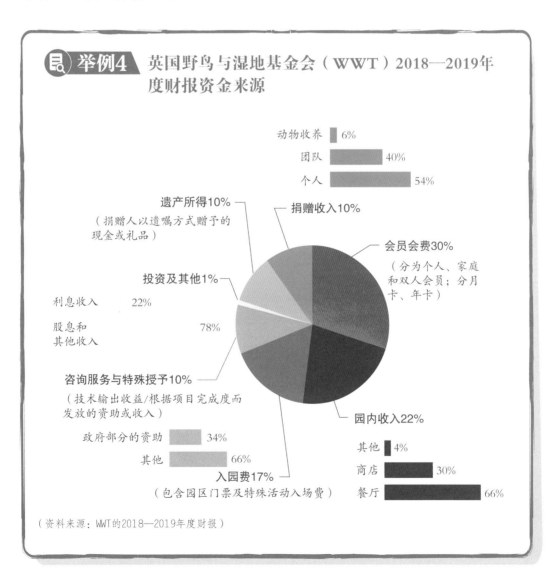

举例4 英国野鸟与湿地基金会（WWT）2018—2019年度财报资金来源

动物收养 6%
团队 40%
个人 54%

遗产所得10%
（捐赠人以遗嘱方式赠予的现金或礼品）

捐赠收入10%

投资及其他1%

利息收入 22%

股息和其他收入 78%

会员会费30%
（分为个人、家庭和双人会员；分月卡、年卡）

咨询服务与特殊授予10%
（技术输出收益/根据项目完成度而发放的资助或收入）

政府部分的资助 34%
其他 66%

入园费17%
（包含园区门票及特殊活动入场费）

园内收入22%

其他 4%
商店 30%
餐厅 66%

（资料来源：WWT的2018—2019年度财报）

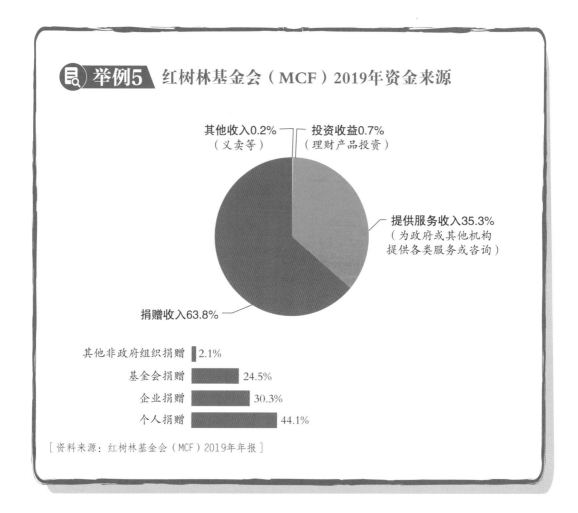

举例5 红树林基金会（MCF）2019年资金来源

其他收入0.2%
（义卖等）

投资收益0.7%
（理财产品投资）

提供服务收入35.3%
（为政府或其他机构
提供各类服务或咨询）

捐赠收入63.8%

其他非政府组织捐赠 2.1%

基金会捐赠 24.5%

企业捐赠 30.3%

个人捐赠 44.1%

［资料来源：红树林基金会（MCF）2019年年报］

2. 训练有素的专业团队

湿地教育中心的工作需要专业人员来开展，这些工作人员的能力决定了教育工作的表现和成效。因此，湿地教育中心需要对工作团队的稳定性及能力提升进行规划，如按照不同的职业发展方向，为员工提供各类专业技能培训机会。

专业团队能力提升的规划包括帮助员工制订成长发展计划、为员工能力提升提供培训机会、建设学习型团队等内容。

3. 抵御风险的韧性湿地

湿地教育中心的持续稳健发展，应考虑自身应对未来风险的能力。在进行湿地教育中心规划时，应尽可能地考虑到以下可能出现的风险，并制定相应的应对策略。

①从社会风险的角度来看，湿地教育中心可能会受到来自用地规划的调整、资金来源的变化、团队人员的流动、突发社会事件等方面的挑

战。因此，中心从一开始就应确保场地的使用符合政策、法规的要求，用可持续运营的理念进行场地建设，有意识地培养团队等。

②从自然风险的角度来看，湿地教育中心可能会受到来自气候变化对生态的影响，极端天气如洪灾、台风的危害（图1-23），入侵物种的影响，病害、瘟疫的传播等。在应对自然风险的挑战时，应积极贯彻基于自然的解决方案（Nature-based Solutions，NbS）原则，提升湿地生态环境和栖息地的韧性，并关注湿地内建筑、设施的建造和使用对能源、资源的可持续利用情况。

4. 知行合一的绿色实践

如果将湿地教育中心看作一个可以传达教育理念的整合空间，那么也应将所倡导的绿色发展观一以贯之地运用到日常管理和运行工作中。

在日常管理工作中，可持续发展的理念主要体现在对资源、生活物资等的合理使用上。例如，设计和使用低耗能的设备、积极采用新能源、践行垃圾分类、谨慎使用化学药剂、不使用一次性物品、倡导"零废弃"湿地。

图1-23　湿地教育中心可能会面临极端天气带来的风险

5. 不断优化的发展之路

湿地教育中心一旦成立，将面临不断的挑战。每个成功的湿地教育中心的建立都并非一蹴而就，而是在发展的过程中逐步优化、完善现有的工作方法和内容，按照规划的要求不断进步和提升的。

监测和评估可以作为中心内部的长期工作内容之一，同时还可以采用外部评价的方式，来激励湿地教育中心不断成长和进步，如邀请外部专业人员进行评估，申请各部门颁发的相关认证、专业证书及奖项。

小 结

湿地教育中心以独特的湿地生态环境为基础条件，以长期面向公众开展的湿地教育活动为核心，在遵循国家相关法律法规以及湿地管理要求的前提下，与访客进行沟通和交流。湿地教育中心的适用范围不局限于国家自然保护地体系，具有湿地生态资源及保护价值的风景名胜区、城市公园、生态农场等均可通过建设湿地教育中心来开展湿地教育。湿地教育中心的终极目标是提升公众的保护意识，促进湿地保护目标的实现。

场地、人员、方案、可持续发展是湿地教育中心的4个要素。在进行湿地教育中心的工作规划时，要不断将这4个要素进行拆分和整合，既让它们能独立运作，又让它们能互相融合和配合，推动湿地教育中心的愿景和目标的实现，建造一个健康的湿地教育中心。

福田红树林生态公园飞蓝堤上的黑脸琵鹭（杨翼 摄）

第二章
湿地教育中心的创建

　　我国幅员辽阔，拥有《国际湿地公约》中的全部湿地类型。在不同类型的湿地保护地中建立湿地教育中心，遵循的原则和履行的条件是相同的。这些原则和条件是保护地进行有效保护的内在要求、是保护地全民共享属性的体现，同时符合环境教育的使命和目标。

一、湿地教育中心的创建原则

（一）保护优先原则

　　湿地教育中心的创建和运营，应以保护当地生态资源为前提，坚持保护优先原则，施行节约资源、尊重自然的工作方法。在建设时，尽量不破坏自然资源、自然景观和保护对象的栖息环境，减轻影响；鼓励对场所内已有的建筑物进行改造，使之符合开展湿地教育活动的需求。在制定教育方案时，以保护地已有的分区管理要求为前提，考虑当地的生态承载能力以及人数、噪音等可能对生物产生影响的因素。在教学活动中，倡导尊重生命、呵护自然的理念，严禁采集、捕捉野生生物。

（二）公益服务原则

　　依托各类湿地公园/湿地保护区建立的湿地教育中心，以提升公众对湿地的认知和理解，从而认同并支持湿地保护工作、促进湿地保护事业为目的。湿地教育中心开展的所有活动应遵守公益性原则，不以营利为目的，倡导有条件的湿地教育中心免费向公众提供教育活动。

（三）注重体验原则

　　设立湿地教育中心是为了引导人们走进湿地、亲近湿地、体验湿地。因此，中心提供的教育内容应注重互动性、体验性，鼓励参与者在真实的自然环境中进行户外观察、动手操作、亲身体验。

（四）基于本地原则

　　湿地教育中心的教育内容应聚焦于本地生态环境信息，体现中心所在湿地公园/湿地保护区的自然环境特色和周边人文特色。在教育主题的选择和设计上，应避免空洞，注重结合本地信息，联结生态价值，联结真实的生活经验。教学内容应基于场所本身的生态保护意义和使命，以本地的重要保护目标和保护对象为课程开发和活动设计的素材。鼓励各个湿地教育中心打造特色内容，避免千篇一律。

（五）开放平台原则

湿地教育中心应积极吸引社会参与，成为湿地公园/湿地保护区调动各类社会资源参与生态建设的开放性平台。湿地教育中心可以根据当地实际情况，将部分工作，尤其是专业教育、教学工作，开放给社会组织、学校、社区、教育机构、志愿者团体、企业等。在涉及湿地教育中心的运营方案时，应充分考虑到能够和各种社会资源进行对接的工作空间。同时根据实际运营需求，设计灵活多样的合作模式和工作手段。委托运营、购买服务、组织志愿者等都是吸纳社会力量参与的有效方式。

二、湿地教育中心创建的基础条件

（一）体现独特湿地生态系统的自然环境

《国际湿地公约》将湿地定义为天然的或人工的、永久或暂时的沼泽地、泥炭地及水域地带，带有静止或流动的淡水、半咸水及咸水水体，包含低潮时水深不超过6米的海域。湿地包括河流、湖泊、沼泽、近海与海岸等类型的自然湿地，以及水库、稻田等类型的人工湿地。

湿地既不同于陆地生态系统，也有别于水生生态系统，它是介于两者之间的过渡生态系统。湿地兼具丰富的陆生和水生动植物资源，形成了其他任何单一生态系统都无法比拟的天然基因库和独特生物环境。特殊的土壤和气候为该生态系统培育了复杂且完备的动植物群落。

湿地以其丰富的类型、多样的生物展现于世。湿地教育中心应选择具有独特湿地生态环境的场所，将湿地形成于天地间的自然进程、受人类活动影响的人文进程，融入教育活动之中，向公众揭示湿地之美、湿地之殇和湿地亟待保护的事实。

（二）建立与公众的联结和沟通

湿地教育中心是湿地与人之间的媒介和桥梁。过去的经验告诉我们，保护事业要取得成功，不能"关起门"来做保护，还需要面向公众进行宣传，并与社区、媒体、学校，乃至社会大众进行沟通，要让公众对自然资源"可感知""可体验"，秉承合作、共享、包容、服务的理念，凝聚共识，形成合力。

湿地教育中心应搭建湿地与公众沟通的平台，帮助自然保护地展示其开放的态度、去除"神秘感",主要包括以下内容。

①提供可以让公众方便地查询、了解、预约湿地活动的平台,如网站、传单、折页,以及湿地附近明显的交通指引、方向标识、入口的咨询服务。

②建设及时更新的湿地展示平台,传达湿地信息、活动预告、志愿者机会等信息。网站、自媒体、海报等都可以承担此任务。

③适合让访客进行湿地体验的场地和设施。无论是访客中心、步道、观鸟屋,还是教室和展厅,其目的都是为了帮助访客收获独特的湿地体验。湿地教育中心不是在湿地内再造一个相似的人工环境,或者在室内设计一个和户外环境无关的虚拟空间。湿地教育中心所处湿地的独特之处,需要使用访客能够接受和理解的语言,利用视觉、触觉等方式,通过各类教育活动让访客了解自然之语、湿地之语。

(三)长期开展教育活动

湿地教育中心的最终目标是提升公众的环境意识,引导公众关注湿地保护工作、参与湿地保护行动。公众环境意识的提升需要长期的影响和实践。湿地教育中心应顺应意识转变的客观规律,长期开展各类教育活动,采用多种手段和方式,合力提升公众的生态保护意识。

湿地教育中心应根据自身情况,制定一套可以长期执行的活动方案。湿地教育工作不应该以某个展厅的完成、某段解说路径设施的安装完成为终点,也不能局限于一年几次热闹的大型宣传活动。

举例6 某个湿地教育中心一年开展的活动类型及次数

类型		活动名称	参加人群	全年活动次数和人数	
A 意识提升	C 传播类大型活动	4·22地球日活动	预约团队现场游客	1次	500人次
		六一儿童节·两栖主题活动		1次	338人次
		中秋游园会湿地民俗活动		1次	314人次
		"琵鹭归来"科普摄影展		1次	500人次
		99公益日自然义卖会		1次	500人次
	E 教育类学校课程	走进海上森林	学校团队	4次	232人次
		生机勃勃的潮间带		5次	264人次
		候鸟之驿		3次	102人次

（续）

类型		活动名称	参加人群	全年活动次数和人数	
A 意识提升	E 教育类解说活动（人员解说）	展馆讲解	政府参访 同业参观 社区居民	79次团队	约4000人
		深圳湾的"小钥匙"	公众预约团 学校团队 社区组织 亲子团队等	50次	1456人
		寻找红树之旅		—	—
		我的候鸟朋友		—	—
		定点观鸟		—	—
	P参与类公众参与活动	清理入侵植物	企业志愿者 社区志愿者 学校团队	32次	1186人
		净滩		8次	254人
		红树复种		5次	262人
		浮岛制作		2次	85人

三、湿地教育中心创建中应遵守的相关规定

湿地教育应服务于湿地的保护目标。湿地教育中心的所有工作，都应符合并支持自然保护地的基本使命和管理要求，应将自然保护地的总规或其他规划、管理文件作为教育工作的指导文件，并在计划、活动中深入体现、严格执行。不同分类和级别的湿地保护地，对应不同的指导性规划，其教育中心在开展工作时，应遵守相应的政策、法规及管理要求。《中华人民共和国自然保护区条例》（以下简称《条例》）是在自然保护区中设立湿地教育中心的重要工作依据。其中，《条例》第二十二条指出，"进行自然保护的宣传教育"是自然保护区管理机构的主要职责之一。《条例》还要求，在自然保护区开展的活动，必须遵守自然保护区的各项管理制度，接受管理；以教学科研为目的的活动，需事先提交申请及活动计划，经管理机构批准；所有参观、旅游活动应由管理机构编制方案，并符合保护区的管理目标。

《国际湿地公约》及《湿地保护管理规定》也提出了关于加强湿地宣传教育的要求。《国际湿地公约》的"CEPA"计划要求湿地中心应定期举办以湿地保护为前提的"CEPA"活动，以推动对湿地的保护和合理利用。成为《国际湿地公约》缔约国后，我国颁布了《湿地保护管理规定》（以下简称《规定》），并制订了一系列履约工作计划。《规定》中多次提及对湿地宣传教育工作的具体要求，并明确相关工作应由湿地保护管理机构负责。

🔔 **小贴士**

《湿地保护管理规定》中关于湿地宣教工作的相关规定

第五条　县级以上人民政府林业主管部门及有关湿地保护管理机构应当加强湿地保护宣传教育和培训，结合世界湿地日、爱鸟周和保护野生动物宣传月等开展宣传教育活动，提高公众湿地保护意识。

第二十条　以保护湿地生态系统、合理利用湿地资源、开展湿地宣传教育和科学研究为目的，并可供开展生态旅游等活动的湿地，可以建立湿地公园。

第三十条　县级以上人民政府林业主管部门应当对开展生态旅游等利用湿地资源的活动进行指导和监督。

《国家湿地公园管理办法（试行）》（以下简称《办法》）自2018年1月1日起实施，有效期至2022年12月31日。《办法》中明确提到，"湿地公园是指以保护湿地生态系统、合理利用湿地资源为目的，可供开展湿地保护、恢复、宣传、教育、科研、监测、生态旅游等活动的特定区域"。此外，国家湿地公园的合理利用区应开展以生态展示、科普教育为主的宣教活动；国家湿地公园应当设置宣教设施，建立和完善解说系统，宣传湿地功能和价值，普及湿地知识，提高公众湿地保护意识等。

2019年，国家林业和草原局发布了《关于充分发挥各类保护地社会功能　大力开展自然教育工作的通知》，要求各自然保护区在不影响自然资源保护、科研任务的前提下，按照功能划分，建立面向青少年、教育工作者、特需群体和社会团体工作者开放的自然教育基地。自然保护地管理部门要有专人负责管理、协调、组织、解说和安排社会公众有序开展各类自然教育活动，逐步形成有中国特色的自然教育体系。

📄 **小　结**

建设湿地教育中心要遵循一定的原则、法规，且满足一定的基础条件。建设湿地教育中心要的最终目标是让公众了解湿地、提升湿地保护意识、鼓励公众参与湿地保护行动。因此，湿地教育中心要遵循保护优先、公益服务、注重体验、基于本地和开放平台原则；作为湿地与公众联结和沟通的平台，应将所在湿地独特生态系统的自然环境展现在长期开展各项教育活动内容中。湿地教育服务于湿地的保护目标，因此在所开展的各项活动中，应遵守湿地管理的各项法律法规。

图片来源：海口羡鳍湿地研究所

实践篇 湿地

中国湿地教育中心创建指引

第三章
规划——如何创建
湿地教育中心

湿地教育中心的健康有序长期发展，离不开湿地教育中心规划。而在现实中，面对千头万绪的具体创建工作，规划本身的制定反而是最容易被忽略的内容。湿地教育中心的规划，通常是保护地总体规划在教育工作上的具体化，对未来（3~5年）开展的教育工作既具有指导作用，又能够提供实现的路径和工作方法。湿地教育中心规划的制定，离不开详尽的本地资源梳理和访客调查，更是湿地教育管理者、一线宣教工作人员和所有利益相关方一次深入而有效的沟通过程，对未来湿地教育中心工作的顺利开展大有裨益。

从图3-1可以看出，湿地教育中心的规划从确定愿景开始，通过了解场域、访客，到湿地教育中心的运营、有针对性地设计教育内容和活动等，是一个将长期愿景、中期目标和近期主要工作任务统一的过程。在长期愿景的指导下，制定中期目标，并分解成为近期的工作任务。

利用规划工具——北极星模型（图3-2），在明确湿地教育中心未来发展愿景，进行资源分析与盘点、利益相关方分析和主要访客分析的同时，分析目前存在的限制与挑战和在发展中秉承的原则和价值观。这些内容将为后续湿地教育规划工具的使用指明方向，划清边界。

一个湿地教育中心的规划、建设与可持续运营是一项长期而复杂的工作，需要统筹场地、活动、人员、运营、宣传等多个方面，不能一蹴而就。无论目前湿地教育中心是正在启动规划工作，还是正在从有限的教育空间或活动计划入手开始工作，都必须优先完成以下事情：

①确定本湿地教育中心的愿景和目标；

②充分了解湿地的资源，如湿地的生态和环境本底资料、管理资源、利益相关方；

③调查和分析教育活动的目标访客；

④挖掘、设计适合本湿地教育中心特色的教育内容和活动。

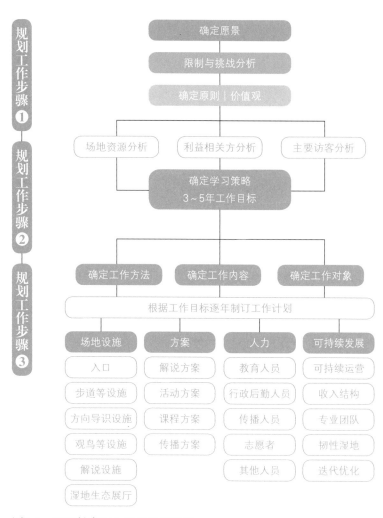

图3-1　湿地教育中心规划工作步骤

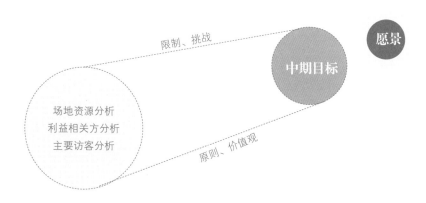

图3-2　湿地教育中心规划工具——北极星模型

一、湿地教育中心的愿景和目标

（一）愿景

愿景是一个组织区别于另一组织的核心，是组织存在价值的体现。湿地教育中心的愿景通常与其所在湿地的愿景一致，或者是所在湿地愿景的组成部分。愿景是各利益相关方共同意志的表达，是设计所有活动和设施的基础。

愿景通常通过简洁明了的短语或句子来表达，可以透过文字描绘出湿地教育中心未来的发展图景。

📖 举例7　一些优秀湿地教育中心的愿景

英国野鸟与湿地信托基金会（WWT）：一个因健康湿地而繁盛和生机勃勃的世界。
新加坡双溪布洛湿地保护区：让新加坡成为我们的自然之城。
台北关渡自然公园：多样原生湿地元素与环境的"大自然博物馆"。
海南海口五源河国家湿地公园：野趣湿地，同享共建。

有些机构尚无成文的愿景，但有清晰的使命。如果说愿景是终极目标，使命则是达成愿景的必要行动。可以说，愿景、使命从不同的角度阐述了机构存在的独特性和必要性。如香港湿地公园的使命为"加强市民对东亚湿地及其他地区湿地的认识和了解，并争取市民支持和参与湿地护理工作，同时为香港市民及海外游客提供一个世界级的生态景点"。

（二）目标

愿景与使命都带有长期性质。目标向上承接愿景与使命，向下承接具体工作计划，是在完成规划3个工作步骤后，梳理出的中期的核心工作方向：

①完成场地资源分析，确定湿地教育中心的独特性；
②完成目标访客分析，清晰湿地教育中心主要的服务对象以及为该类对象所能提供的主要服务类型；
③完成湿地教育中心优劣势分析，明确场地在资源、经营管理、资金、人力等方面的限制因素。

举例8　英国野鸟与湿地基金会（WWT）未来25年的工作目标

1. 英国湿地及湿地野生生物数量增加、繁盛；

2. 每个英国国民都能进入湿地，得到美好的体验并自发参与湿地保护行动；

3. 人们能意识到，英国的湿地是自然的一部分，为人和其他生物提供场所和重要服务；

4. 全球决策者都能了解湿地面临的威胁，并采取积极行动去除威胁；

5. 推广先进的管理办法，服务于湿地生态和人类发展；

6. 减少湿地生态系统面临的威胁，停止物种灭绝。

举例9　香港湿地公园的6项工作目标

1. 提供可与米埔沼泽自然护理区相辅相成的设施；

2. 切合香港居民的康乐活动需求；

3. 展示香港湿地生态系统的多样性，并强调必须予以保护；

4. 提供教育机会和加强市民对湿地生态系统的认识；

5. 建设一个国际级的旅游景点，服务市民、游客及对野生生物和生态学有兴趣的人士；

6. 提供一个有别于一般观光地方的景点，以扩展外国游客在香港的旅游体验。

二、了解我们的湿地

在开始设计或实施教育活动之前，首先要全面掌握自身场地的信息，除了了解在自然保护地内开展教育活动的相关法律法规、保护地的规划分区、保护目标等信息外，其自然资源、湿地文化、社区生计与湿地利用情况、场域环境与设施的承载能力等信息也应深度挖掘、全面了解，并进行合理的梳理。

（一）了解湿地的资源

1. 自然资源

开展湿地教育规划一般以自然保护地的总规或长期工作规划为依

据，立足于保护地本身的保护使命。湿地自然保护地的保护目标决定了教育活动场所规划、主题研发、线路设计等工作的边界。自然保护地的生态、环境本底资料是开展教育规划的基础信息，需要提前收集、整理和分析。这些本底资料大致包含以下内容。

从湿地的基本特征来看，其本底资料包括湿地自然保护地的基本自然环境要素和社会环境要素。

湿地的基本自然环境要素有生物多样性资源，湿地类型、面积、分布、岸线、土地类型、功能区面积等，水文与水环境（水位、水深、流量、流速、水温、pH值、溶解氧、透明度等），气象因子，地质地貌、土壤、沉积物等。其中，生物多样性资源是反映湿地生态情况的重要内容，包括植物、哺乳动物、鸟类、爬行动物、两栖动物、昆虫、蜘蛛、鱼类、微生物等生物类群的群落结构和物种分布特征等信息。由于湿地与鸟类，尤其是迁徙水鸟的关系密切，在生物多样性资料中，应将鸟类监测数据、鸟类对于栖息地的使用情况等信息作为本底调查和监测的重点。另外，外来入侵物种的分布和危害情况也是影响湿地生态系统健康的关键内容。

此外，还应收集和整理湿地开发利用和受威胁情况、周边社区对湿地的使用情况、社区生计情况等信息，以及周边社区与湿地发展、利用的相关历史、文化、传承等社会环境信息。在某些地区，湿地的保护还可能和当地的宗教信仰、民族习俗相关。

基于对自然生态进程（natural process）和人类活动进程（cultural process）的整理，可以进一步编制湿地教育资源清单。但需要注意的是，资源清单并非简单的物种信息、监测数据或者历史和文化信息的罗列或叠加，而是要清晰地呈现出对湿地具有重要影响的生态关系和社会关系。

2. 管理资源

湿地教育中心的规划应联系湿地教育中心的实际情况，这就需要系统、详细地梳理湿地管理部门的管理情况、人力资源情况、经费预算以及重要利益相关方信息。规划完成以后，需要在实际工作中逐步落实规划中的内容。

（1）本地的管理资源

①场地资源：完成湿地资源盘点，并对目标访客进行识别和调查之后，需要系统地梳理湿地管理部门的具体设施管理情况、人力资源、预算成本。对场地资源进行分析的目的是从影响湿地形成的众多自然因素、人为因素中，提炼出最能反映湿地独特性、可供湿地教育活动使用

的主题。场地资源分析也能够帮助我们了解场地现状，明确场地在使用上的限制和必须遵循的原则。

 小贴士

在梳理场地资源时应考虑的内容

❖ 重要的自然资源、生态特点；

❖ 场地的使命或定位，场地管理或保护工作的目的等；

❖ 现有设施情况，包括基本活动场地情况、服务设施、标识导览设施、解说设施、教育设施等；

❖ 场地的可达性，包括外部到达及内部游览的可达性，以及参观、参与活动信息的可达性等；

❖ 场地管理的权属，管理的限制和需求等。

②开展自然教育的人力资源：首先应该分析管理部门现有的人力资源状况是否能满足创建及运营湿地教育中心的要求。自然保护地一般都配置有专职负责科研、宣教工作的人员，但通常人数有限，可以考虑引入外部资源，与社会组织、环境教育和自然教育机构、专业院校、志愿者等进行合作。此外，还要分析工作人员是否具备组织和运营湿地教育工作的专业能力。湿地教育工作人员应具备的基本能力包括专业知识，如对保护地管理要求的认知、对自然教育理念的正确理解；管理和运营能力，如教育场地管理、教育项目运营；专业技能，如课程设计、教学活动执行；传播能力。

③建设与运营费用：除了基本的设施建设费用，建立一个湿地教育中心还要考虑到长期运营的维护成本。此外，在建设规划中，既要列明建设湿地教育中心所需要的基本费用，还应列出预计收入。除了财政拨款以外，湿地教育中心还可以采用其他方式增加财务收入，如提供研学服务、开展生态游览、吸引公益筹款。

④场地设施：湿地教育中心需要具备基本的场地和设施，才能支持基础教育活动的开展。这些设施一般包括步道、观鸟设施、教室、访客服务中心、科普展厅等。需要注意的是，设施的体量不应盲目追求规模，而应根据湿地教育中心规划的需求以及访客的需要而定，在明确具体功能以及利用效率的前提下，进行修建。如果先建设某些标志性的大型建筑，建完再考虑如何应用，就本末倒置了。

（2）利益相关方

在制定湿地教育中心规划的过程中，需要引入重要的利益相关方共同参与，或者就重要利益相关方及其影响和需求进行专门的沟通和分析。重要利益相关方在规划过程中的广泛、深入参与，可以让湿地教育中心在未来开展工作时获得更多的支持及影响力。一般来说，湿地教育中心的重要利益相关方包括上级主管部门、周边社区、学校、科研机构、社会组织及其他重要合作方。

特别需要注意的是，学校和教育部门通常会成为湿地教育中心重要的合作方，应该在规划阶段明确它们的需求，并在教育设施、教育活动内容等方面征询教育领域专业人士的意见。

🔔 小贴士

选择利益相关方的思考角度

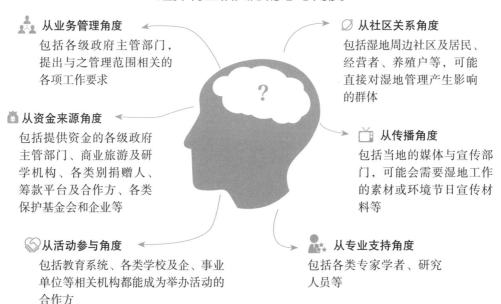

从业务管理角度
包括各级政府主管部门，提出与之管理范围相关的各项工作要求

从资金来源角度
包括提供资金的各级政府主管部门、商业旅游及研学机构、各类别捐赠人、筹款平台及合作方、各类保护基金会和企业等

从活动参与角度
包括教育系统、各类学校及企、事业单位等相关机构都能成为举办活动的合作方

从社区关系角度
包括湿地周边社区及居民、经营者、养殖户等，可能直接对湿地管理产生影响的群体

从传播角度
包括当地的媒体与宣传部门，可能会需要湿地工作的素材或环境节日宣传材料等

从专业支持角度
包括各类专家学者、研究人员等

不同的湿地教育中心会涉及不同的利益相关方，各利益相关方的需求也不尽相同，需要根据情况仔细甄别。

关于利益相关方分析应是双向的，既包含利益相关方对湿地教育中心的需求和影响，也包含湿地教育中心对该利益相关方的需求和期待。此外还应考虑，利益相关方的存在对湿地教育中心的影响有多大、其重要程度如何、影响是长期的还是短期的等问题。最后，需要按照重要程度对利益相关方进行排序。

　　了解利益相关方可以采用多种方式，如日常工作沟通、专题研讨、访谈调研。同一利益相关方在湿地教育中心的不同发展阶段，其利益诉求、影响力和重要程度是不尽相同的，需要进行动态跟踪分析。

举例10　利益相关方分析表
——以某保护区湿地教育中心为例（部分）

名称	关系	有利因素	不利因素	对湿地教育中心的需求	湿地教育中心的期待
社区居民（原住民、留守老人为主）	生活在这里	潜在的教育者，可以讲自己的故事	• 人为活动影响鸟类栖息 • 不再是传统种植方式	• 在保护区内收入高，就愿意为保护区宣传 • 可以减少活动影响，但需要替代生计，保证生活质量 • 工作机会需求，获益	• 提供传统农业方式体验和展示 • 支持和参与自然保护工作 • 能提供农家乐服务
上级主管部门/各级政府	管理、政策、资金	• 态度积极	• 认知程度低 • 领导的知识结构不全面	• 打出品牌，影响力 • 提高当地的湿地认知水平 • 中小学生教育中应有湿地内容	• 资金支持 • 物资支持 • 人员编制支持 • 政策上支持，如地方性环境教育法
学校/教育局	合作	• 课程要求 • 研学要求	• 资金不足 • 安全风险	• 更好的设施，满足安全需求 • 生动的、有吸引力的课程 • 有带领户外活动的老师	• 老师在课堂上能配合讲解 • 湿地内容进校本教材 • 支持活动开展，带学生走进湿地教育中心

3. 其他资源

　　作为一个开放的平台，湿地教育中心需要调动社会资源的加入，因此应整理可以支持湿地教育工作的潜在合作机构清单，如可以提供专业技术支持的高校、可以参与志愿者活动的企业、可以联动的周边社区。很多成功的湿地教育中心往往获得了多种类型的社会单位的支持来开展工作。

（二）梳理湿地的资源

了解湿地，需要在本底资料的基础上进行梳理和提炼，找到这个场所独有的特征。每一片湿地都有其独特的形成过程，既受到自然进程的影响，也受到人类活动进程的影响。梳理湿地的核心信息，不是简单地叠加或罗列监测数据、物种名录、文化事件，而是要找到影响湿地形成、发展的最重要的进程。

当本底资料收集和整理到一定程度后，可以对核心信息加以提炼，尝试编制湿地教育资源清单。当然，核心信息梳理应该是一个反复打磨的过程，需要不断尝试、反复练习、集智讨论，最终达成清晰明确的共识。这一步，可以分"空间"和"时间"两个维度来思考和梳理（图3-3）。

空间维度 | 时间维度

想象湿地在一张地图上，地图的范围不断变大，直到这个场地变成地图上的一个点。

想象从遥远的过去来看现在的湿地。

◇ 它处于什么样的位置？
◇ 周围的陆地或海洋环境如何？
◇ 哪些自然或人为的进程在发挥影响？
◇ 是什么最终影响着它的模样？
◇ 是什么决定了它的核心特质

◇ 过去50年都发生过什么？
◇ 过去100年又发生过什么？
◇ 更远的过去呢？
◇ 一直追溯到这个地方最开始出现的时候，都发生过哪些自然的进程或人为的进程？留下了什么样的痕迹或遗产？

图3-3　从空间和时间两个维度出发梳理场地资源

1. 自然生态进程对湿地的影响

从构成湿地生态系统的非生物要素（水、土壤、气候）、生物要素（湿地植物、湿地动物等）开始，梳理核心的自然生态进程及其进程对湿地的影响。以红树林湿地为例，对其生态系统影响最大的自然进程有气候、潮汐、海岸线变迁、以红树为代表的潮间带植被的变化、候鸟迁徙、海洋动物洄游等。

2. 人类活动进程对湿地的影响

自古以来，湿地就是人类频繁活动的场所，湿地的变迁也直接受到各类人为活动的影响。与湿地关系密切的人类活动包括湿地保护工作（保护区确立、保育科研工作、跨境保护合作、宣教工作等）、人口集聚和迁徙、湿地资源的利用、湿地文化（信仰、节日、文化禁忌等）以及湿地生计等。以湿地自然保护区为例，保护区的设立、保护工作对湿地的影响、周边社区对湿地资源的使用、观鸟爱好者和湿地保护机构等社会团体的参与和支持，都是影响湿地生态系统的人为因素。

（三）编写重要教育资源清单

基于对自然生态进程和人类活动进程的梳理，湿地教育团队可以进一步编制教育资源清单。但需要注意的是，资源清单并非简单的物种、监测数据或者历史、文化信息的罗列或叠加，而是要清晰地呈现出对湿地具有重要影响的生态关系与社会关系（图3-4）。

图3-4　湿地教育人员共同梳理湿地信息

举例11　为深圳湾公园编制湿地教育资源清单（部分）

深圳湾公园位于深圳湾的北侧和西侧，是一个城市滨海湿地公园。这里曾是红树林湿地及海域，经过几次填海后，变成了一条13千米长、环绕深圳湾海岸线的生态长廊，并且保留了潮间带和部分红树林湿地。深圳湾公园的规划与建设标志着深圳湾填海历史的终结。现在，深圳湾公园已经成为一条连接东侧广东内伶仃—福田国家级自然保护区、深圳湾海岸带以及繁华都市的绿色纽带。

深圳湾公园以优美开阔的海岸景观以及缤纷多样的亚热带园林植被为特色，备受市民喜爱，在"深圳市民最喜欢的公园"评选活动中常居榜首。节假日期间，深圳湾公园每日客流量超过2万人次。同时，公园与东面的福田红树林保护区、对面的香港米埔后海湾国际重要湿地同属一个海湾，共享生态资源。深圳湾公园所在的这片广阔的沿海滩涂，一直是东亚—澳大利西亚（EAAF）候鸟迁徙路线上重要的候鸟越冬地和"加油站"。每年10月到次年5月，大量候鸟在此栖居，吸引众多游客和观鸟人士驻足观赏。

工作人员正在向访客展示深圳湾公园位置示意图

自2014年起，红树林基金会（MCF）配合深圳市公园管理中心，在深圳湾公园内创建了湿地教育中心，开展面向公众的各类湿地教育活动。红树林基金会（MCF）通过梳理深圳湾公园的生态、自然、人文信息，编制了深圳湾公园湿地教育资源清单。

假日的深圳湾公园栈道

主题1：鸟类与深圳湾湿地	
主旨：深圳湾湿地是重要的鸟类栖息地与候鸟越冬地	
主要信息	次要信息
1.红树林湿地生态系统 红树林是深圳湾湿地的重要组成部分，也是鸟类及其他动物不可或缺的重要栖息环境。 红树林生态系统的健康与否反映出鸟类—红树—滩涂之间的关系情况，以及红树林对人类及自然环境的重要性。	1.1　潮间带 众多生物的栖息环境，处于海陆交界的特殊位置。 拥有潮汐现象，大部分生活在潮间带的生物依靠潮汐带来的养分生存。
	1.2　红树林 重点为红树林相关物种的介绍，以及它们在特殊环境下的特性，是红树林生态系统的基础。 红树情：红树是深圳的第二市树，代表了深圳人开拓进取、扎根本地的精神。
2.东亚—澳大利西亚候鸟迁飞区（EAAF） 全球共有九大候鸟迁飞区，深圳湾处于EAAF的中点站，是重要的候鸟栖息地和越冬地。	2.1　冬候鸟 深圳湾常见冬候鸟及其背后的故事。认识远方而来的朋友，增加对深圳湾候鸟的认知与亲近感。
	2.2　常见水鸟 物种及其他特性介绍，增加对深圳湾常见水鸟的认知与亲近感。
	2.3　候鸟迁徙 候鸟迁徙的原因。候鸟与深圳人的相似性——拥有出生地，不断地迁徙，有的候鸟会留在越冬地繁殖，成为留鸟。
	2.4　候鸟面临的威胁 越冬地环境被破坏，滨海环境被污染。
主题2：人与湿地	
主旨：湿地对人类的生活、文化至关重要，人类需要在城市发展和湿地保护中取得一个平衡	
主要信息	次要信息
1.人对湿地的合理使用 湿地与人类的生活密切相关。在历史发展中，对湿地适当而合理的利用为人类带来了许多益处。	1.1　湿地人文地理 靠海吃海、水陆双栖的湿地文化。赶海、养蚝、基围鱼塘、晒盐等历史。
2.健康与福祉 深圳湾公园是连接人与湿地的绿色通道，是人们亲近湿地的窗口。	2.1　人与自然和谐共生的美丽中国示范区 为城市居民提供了接触自然的机会和场所。 深圳湾公园的生物多样性和生态服务意义：实现人与自然的和谐相处。
3.血浓于水的深港关系 深圳湾连接深港——深圳湾公园及香港米埔两地，深港密不可分。	3.1　深港历史 深圳与香港的关系：深港的保护事业互相影响，二者共同守护同一个海湾。

（续）

4. 城市发展 探索现代城市发展中人对湿地态度的变化以及人对湿地的影响。	4.1　深圳湾公园规划、建设历史 辩证地看待城市发展与生态保护的关系——建设深圳湾公园的"得"与"失"。 深圳市的生态文明建设：滨海大道为了保护区改道，在路基上建设了深圳湾公园A区，进而修建了B区、C区，阻止了向外发展的填海进程。 深圳湾公园是深圳生态保护历程的见证者。
	4.2　深圳湾变迁历史 突显维持城市发展与湿地保护之间平衡的重要性。

三、了解我们的访客

　　了解访客是进行湿地教育工作规划的基础。同时，也需要依据湿地的保护目标和管理要求，对访客的需求进行有意识的管理和引导。

（一）访客调查及定位

　　衡量湿地教育成功与否，最终要看其教育活动对访客或者其他公众产生了怎样的影响，包括是否增加了人们对湿地的认识；是否加深了人们对湿地的热爱；是否有效传达了湿地保护的理念，并让更多人认同和参与了湿地保护事业。因此，湿地教育成效的评价指标，不仅仅在于参与的人数或者宣传的次数，更在于这些数字背后，能够带来的认知、情感和行动的改变。可以说，湿地教育最重要的目标，其实是在访客离开之后完成的。

　　湿地教育中心会吸引什么类型的访客，取决于湿地自然保护地本身的使命、保护目标以及管理要求，同时也和湿地所处的位置紧密相关。一般来说，处于城市或城市周边地区的湿地教育中心，能够服务更多的人群，可以带来更大的影响，也倾向于承载更多的教育和传播功能。而离城市人群较远的湿地，则有机会保持原生态和独特的生态环境，适合为少数访客提供游览和教育服务。

　　因此，虽然参与人数是一个评价湿地教育成效的重要指标，但并不能决定湿地教育的成功与否。地处城市中心或距离城市较近的湿地公园/湿地保护区，应善用公众资源，积极调动各类社会力量的参与，避免"关起门"来做教育，同时注重收集访客的反馈信息，进行活动评估，不断提升活动效果。而那些身处生态敏感区域且离城市人群较远的湿地保护区，要避免为盲目追求参与人数而大兴土木，应根据自身的保护目标，设计符合本场所使命和管理要求的教育活动或宣传活动。

与了解湿地公园/湿地保护区的各种资源一样，我们也需要通过开展扎实的调查来了解湿地的访客：湿地教育中心要吸引或服务的访客是谁，有什么特点；这些访客来到湿地的动机是什么，有哪些需求；更重要的是，访客如何理解和认知我们的湿地。调查目标访客的方式一般包括：

①收集本地人口信息，如查阅官方数据了解周围社区的人口、学校数量，或者外来访客数量；

②直接沟通，如对教育部门、观鸟团体、旅游机构的工作人员或成员进行面访，或者邀请他们到湿地考察，了解其兴趣和需求；

③现场访客调查，如通过直接访谈、问卷调查方式，了解访客对湿地公园/湿地保护区内设施的需求、体验感受等。

举例12 湿地公园访客分类及调查方案

人群名称	人群描述	调查对象及方法
学习型亲子家庭	曾经在湿地进行过2次以上活动的亲子家庭（孩子年龄小于12岁）	访谈：3~5个参加过活动的亲子家庭 观察：偶遇的亲子家庭
市内学校团队	曾经在湿地进行过2次以上活动的市内学校团队的老师、学生	访谈：2位来自不同班级的老师及其所在班级的各1位学生
省内外研学团队	曾经在湿地进行过2次以上活动的省内外研学学校团队的领队、学生	访谈：1个领队，2个学生 问卷：所有参与过湿地公园学习活动的省内外团队的领队与学生
博物爱好者	曾经在湿地进行过活动的博物爱好者	访谈：个人兴趣型和社交型博物爱好者各2名 问卷：湿地公园微信群的使用用户 观察：近期在湿地公园活动的个人兴趣型和社交型博物爱好者（包括科普展馆内）

（二）主要的访客类型

不同类型的访客会有不同的游览需要，尤其在教育内容的需求上存在很大差异。

对自然公园类型的湿地来说，来自周边社区的居民是最常到访的人群。他们往往是最关注湿地变化、最有兴趣参与活动的人群。因此在做访客分析时，需要将周围社区的访客作为重点调查对象，了解他们对湿地的认识和游览需求。同时，湿地也可以将周边社区的访客作为主要影响目标，吸引他们对湿地保护工作的关注、认可和支持，甚至吸引他们成为开展湿地保护和教育工作的志愿者、捐赠人。

以下是几种常见的访客，在进行访客调查时可以作为参考。

1. 游玩型

这类访客的主要出游目的是游憩和休闲。他们不需要太多的解说或教育服务，但是希望获得更多的观光游览服务，如观景设施、休息座椅、步道或景色优美的拍照地点（图3-5、图3-6）。当然，这类访客也需要了解并遵守湿地的管理规定。

图3-5　村民在海珠湿地内进行龙舟赛活动
（图片来源：海珠湿地，谢惠强 摄）

图3-6　可以产生互动体验的亲水设计特别受孩子的欢迎

举例13　深圳湾公园湿地教育中心访客游园需求

人群类型	游玩型亲子家庭（孩子年龄小于12岁）
访客动机	父母：提升亲子关系，带孩子感受自然 孩子：在户外环境玩耍
参与情况 **（时间、方式、兴趣）**	时间（在深圳湾公园逗留）：2小时/0.5天/1天 方式：散步、跑步、聊天、睡觉、野餐、玩耍、看风景（海、日出/日落）、拍照、下滩涂抓鱼、喂鸟 兴趣点：大海、鸟类、草坪
主要需求	能够进行亲子互动的活动； 近距离接触大自然； 宁静、生态环境好的自然场所； 较宽敞的自然空间； 清晰的路牌指引； 交通便利
对深圳湾的了解 **（提炼代表性观点）**	作为一般公园的了解；是一个位于海边的公园；能观鸟的公园；可以看红树林的公园，但并不了解什么是红树林
可能的活动类型 **（以解说活动为例）**	人员解说类：定点观鸟活动（少于20分钟）；短时间的参与活动，如生态堆肥、展厅导览、科普短片（少于5分钟）；简单的定点导览 非人解说类：简单易懂的解说牌、小型互动展厅、简单的任务单自导式游览、明确的行为管理信息
可能的参与活动时间长度	0.5～2小时，个别提前预约的导览活动可以延长至2小时
可能使用到的场地	自然教育中心室内场地、配合教学活动的户外场地
所需教学人员	1～2名工作人员或志愿者
教学设施或教具	小展厅，互动式展陈，户外解说牌，手持图卡、模型、实物教具等

2. 教育型

这类访客有明确的学习目的，包括学校或教育机构组织的学生团队以及亲子家庭。学校、教育机构等组织的学生团队有时会把湿地作为校内教学的延伸，有时则偏向于开展观光类型的学习活动。如果湿地教育中心与学校合作进行常规的学习活动，还需要设计与正规教育课程相衔接的教育活动，甚至需要组织教师培训、教学评估。亲子家庭则多以自然博物学习为主。这类群体需要基本的解说设施、生态信息折页或手册、定点或非定点的人员导览服务。他们通常有充足的时间参加教育活动，同时也最容易被教育活动所影响，认同和支持湿地保护的理念，参与保护实践（图3-7）。

3. 博物型

博物爱好者通常有明确的游览主题，一般根据自己想要了解的湿地信息来设计行程。例如，湿地最常吸引的是各类观鸟爱好者，他们非常关注湿地内鸟类的变化。湿地教育中心通常会设置可以用来开展观鸟活动的亭子或隐蔽点。观鸟爱好者希望能在不被打扰的地方进行观察活动，而且在湿地停留的时间较长。有些博物爱好者也会以小团队的形式开展活动，他们不仅需要与湿地有关的科普知识，如鸟类图鉴、植物图鉴，还需要能进行社交互动的场所（图3-8、图3-9）。

图3-7 学生通过亲身体验了解湿地生态知识

图3-8 福田红树林保护区步道上设置的科普展板

图3-9 观鸟团队需要可以互相交流的赏鸟空间

举例14 湿地博物型人群访谈提纲

基础信息	访谈对象性别 访谈日期 访谈开始、结束时间	
访谈前的 保密声明	您好，我是×××湿地公园的工作人员××。 为了更加了解大家对公园设施的使用情况，我想对您进行一个约20分钟的访谈。 我会问到您几个问题，请尽可能地表达自己最真实的想法。 为了不遗漏我们聊天过程中的重要信息，方便后期整理和分析，我会对访谈内容进行录音。请您放心，我们不会泄露您的任何个人信息。（征得被访者同意后，开始访谈。）	
问题类型	问题	访谈者笔记

		问题	访谈者笔记
必问 部分	使用 频率	（若访谈前能知晓其参与次数，可跳过这个问题。） 1. 您一般多久来一次湿地，大概什么时候来，每次待多长时间？ （可追问）您觉得这里是一个什么样的湿地，是否对这个湿地的"历史变迁""生态环境""公众活动"有所了解？	
	动机	2. 您为什么到这里来？（有哪些主要的原因促使您来到湿地？可追问） A. 还有其他的原因吗？ B. 对于鸟类摄影爱好者——追问鸟类的物种特点或者数量，了解湿地的物种资源是否满足其需求。	
	现状	3. 您在湿地一般会做些什么？（可追问） A. 还有其他的活动吗？ B. 是一个人来还是与其他人一起来？ C. 若是一个人来，会和湿地中的其他访客交流吗？ D. 拍摄、记录的物种、风景等，会和谁分享？ E. 如何去了解拍摄、记录的物种？（询问别人、上网查询、翻阅物种图鉴等。）	
	建议 （需求）	4. 为了更加方便自己在湿地中活动，您对湿地管理有什么建议？ （设施、人员、活动、管理方法等，可追问） A. 还有其他可以协助的方面吗？ B. 对湿地设施和场地，如观鸟屋的建议？ C. 对活动信息展示平台的建议，比如设立观鸟信息共享平台？ D. 您对本次访谈有何建议？	

4. 社交型

这一类访客的主要需求是能和同行者交流和互动。他们可能不需要太多的学习或解说活动，但需要一些社交空间来用餐、闲坐、聊天等。例如，亲子家庭期待能够在美好的自然环境中进行一次野餐、跑动玩耍，以度过一段快乐的亲子时光。这类访客的活动场所，可以设置在游客和服务设施较为集中的区域，避免人为活动对生态敏感区造成干扰。

5. 自然享乐型

这一类访客更注重在自然中独处，享受美好的自然环境。他们可能需要一个较为安静的环境，以度过一段宁静的独处时光（图3-10）。

图3-10 有的访客只是为了在自然中获得宁静美好的体验

除了以上提到的访客类型以外，湿地还可以根据访客的来源（本地访客、外地访客、国际访客等）、年龄结构等因素进行分析。总之，对访客的了解和分析越具体，后续的教育工作就可以越明确和清晰，做到有的放矢。

（三）访客的需求

1. 访客的体验需求

访客来到湿地，通常会有基本的体验和游憩需求，这是在进行访客需求调查时应该思考的角度之一。需要注意的是，访客的休闲游憩需求，可以作为教育规划的参考，但不能盲目地全盘接纳和回应。不能因为访客对游憩有种种需求，就忽略甚至牺牲湿地的保护目标和使命。

🔔 小贴士

访客的体验需求

- 被欢迎和安全感
- 要有地图和游览方向的指引
- 要有挡风遮雨的地方
- 要有能吃、喝、休息、放松的地方
- 要有能和同行伙伴互动的空间
- 要能坐下思考和沉淀旅程的收获
- 要能尝试不同寻常或未知的体验
- 要能找到不可错失的特色
- 要能获得新的理解、启发和想法
- 要能有一些可以带回家作为纪念的东西
- ……

湿地应针对访客的不同需求进行有效的设计和管理，从访客类型、数量、出游时间、人流分布，以及对不同设施的使用情况等多方面进行分析和规划（图3-11）。

图3-11　访客可沿着浮桥进入芦苇湿地和观鸟塔（图片来源：江苏盐城湿地珍禽国家级自然保护区）

2. 湿地自然保护地对访客的管理要求

每个湿地都有自己的管理要求，其中涉及访客管理的内容一般有：

①保持场地的整洁有序；

②保护景观和建筑；

③确保本地生物（动物、植物等）以及游人处于可控状态；

④确保基本营运服务的费用；

⑤让公众及其他利益相关方理解并支持湿地及其管理机构存在的意义；

⑥推动尝试新的改善措施。

当然由于情况不同，每个湿地还会有其他管理要求。通过湿地教育实现的湿地管理要求，通常包括以下几大类。

①使命：即湿地保护地成立的原因。

②保护：湿地保护地的保护目标以及重要的生态资源。

③教育：了解湿地存在的意义和价值，有助于访客理解并遵守各项

管理规定。湿地教育中心需要通过一系列教育活动让访客了解在湿地内可以做什么、不可以做什么以及为什么。

④宣传：湿地的保护工作需要让更多人了解，并得到公众的支持。

⑤认可：湿地的保护和教育工作需要得到社会公众的认可，以及在传播、资金等方面获得更多的支持。

（四）编制访客学习策略

为湿地教育中心的访客编制学习策略是规划的重要内容之一。目标访客在湿地教育中心参与的活动、获得的体验以及完成的学习任务，都需要清晰、明确地体现在学习策略中。

访客学习策略的内容应包括湿地教育中心的整体概述、场地使命、教育原则、重要目标访客的类别，以及主要的教育手段（如面向学校的正规教育活动、面向一般公众的解说活动、面向社区的宣传活动）。同时，访客学习策略也可包括经费预算、运营资源、人力配置、传播以及评估工作等内容。

🔍 举例15　某湿地公园的学习策略（部分）

步骤	内容
1. 场地资源分析	具备红树林湿地、淡水湿地等重要生境； 定位为保护区缓冲带、红树林复育、科普教育和市民游憩； 具有教室、步道等基本教学设施，还有一个科普展厅； 面积较小、场地平坦……
2. 提炼教育主题	鸟类与深圳湾湿地的关系——红树林湿地、潮间带、候鸟等
3. 确认要影响的人群	周边中小学生来公园上课
4. 主要工作策略	推动和相关政府部门的合作，让老师带着学生来上课
5. 主要工作对象及其工作内容	推动区政府发布自然教育相关政策文件，要求学校学生学习湿地课程； 推动与区教研院的共同合作，面向老师开展湿地课程培训； 推动与区科协合作，把湿地公园的湿地课程列入学校科普活动名单； 与出版社合作，正式出版湿地教育类教学用书，以支持教育活动和教师培训……

四、制定湿地教育主要工作目标及实施计划

根据访客学习策略的具体内容，可以明确具体的工作目标，并制订相应的工作计划。湿地教育的主要工作目标包括完成湿地的解说方案、与学校合作完成校本课程、完成展厅规划、组织大型宣传活动、培养志愿者等。该工作计划要回应长期的学习策略。工作计划的制订应尽量明确、具体，有清晰、完整的时间和流程规划以及经费预算等。

🔍 举例16 某湿地公园年度工作计划（部分）

工作目标	结果指标	过程指标	第一年	第二年	第三年
推动滨海湿地教育纳入中小学教育体系	1. 课程实施：平均每年有5000位中小学生到湿地教育中心学习，并且学生在环境知识、情感及认知态度、行动意愿等方面均有显著提升 2. 教学效果：所有面向学生的教学活动，对10%的学生受众在环境行为方面产生显著影响	政策推动	完成《自然教育体系构建研究报告》	推动湿地教育被纳入深圳中小学综合实践活动课程的必选主题之一	
		政府合作：与区教育局签订合作协议	继续与教育系统合作	扩大合作范围	
		学校联动：3年内至少200位教师参与湿地教育能力培训	开展教师培训；邀请教师参访湿地；加强跟学校的联动	至少完成3场教师培训（每场约30人）；召开教育专业研讨会	至少完成3场教师培训（每场约30人）
		课程研发：形成一套覆盖中小学生所有年级的湿地教育课程体系	充分利用现有教学资源，结合户外资源，研发学校课程（2门）；根据学科标准，将课程按照不同年级进行细化设计（5门）；梳理科学合理的教学评估工作流程，并完成1份评估报告	7门课程细化；完成评估报告	形成一套覆盖中小学生所有年级的湿地教育课程体系
		课程实施：逐年增加预约开放日，2022年湿地教育中心实现每周至少3个工作日（6场次）可开放给学校团队预约活动	所有教育人员参与学校课程实施；增设开课场次	每周工作日开放4场次	每周工作日开放6场次

🔔 小贴士

在实践中，湿地教育中心时常会面临类似的两难问题：既希望公众参与、体验，又要确保环境安全、重要的野生动植物栖息地不被干扰。这就需要湿地教育规划人员在执行每个步骤时多多思考、做好评估与计划。"游憩机会谱"是一个编制资源清单、制定规划、管理游憩经历及环境（物质环境、社会环境、管理环境）的框架。常被用于美国国家公园的游憩资源管理工作中，可以作为一个开展相关工作的参考工具。

从20世纪70年代开始，研究美国国家公园林业游憩的学者克拉克（Clark）、史丹利（Stankey）和布朗（Brown）等提出了"游憩机会谱（Recreation Opportunity Spectrum，ROS）"理论。这个理论将美国国家公园内部划分为6种不同类型的空间：原始的、半原始无机动车辆的、半原始有机动车辆的、有路的自然环境、乡村和城市。旅游者通过在自然风景地内选择自己喜欢的空间单元、游憩活动来满足自己的旅游体验。

"游憩机会谱"是一种处理"不同类型空间"与"不同类型旅游体验"间关系的方法，通过保持、强化"不同类型空间"的存在，在满足游客"不同类型旅游体验"的同时，最大程度地保护自然环境的多样性。

影响户外游憩机会的因素（仿）

管理因素	人工环境	半人工环境	半原始环境	原始环境	
1. 可达性					
a. 难度	很容易	适度困难	困难	非常困难	
b. 可达系统					
（1）道路	便道	双向道	单向道/石子或土路	适合土路交通道路	
（2）步道	高标准		低标准/乡村道路		
c. 交通手段	机动车/硬化路面交通		非机动车	非硬化路面/步行	
2. 非游憩资源	大部分可供使用		依自然环境及程度而定	不可使用	
3. 现场管理					
a. 程度	非常密集	一般	稀少	无建设	
b. 外观	明显突出	以自然风格为主		无影响	
c. 复杂程度	非常复杂	有一些复杂		不复杂	
d. 设施	非常舒适、便捷	一般舒适、便捷	最小化的舒适便捷	安全与防护	无设施

（续）

管理因素	人工环境	半人工环境	半原始环境	原始环境
4. 社交互动	频繁的群体接触	一般的群体接触	很少的群体接触	无接触
5. 游客影响接受度				
a. 影响等级	高	适度	低	无
b. 影响面积	大面积影响	小面积影响	很少影响	无
6. 管控接受度	严格管控	适度管控	最小管控	无

来源：仿自Clark和Stankey（1979）。

📖 小 结

　　制定湿地教育中心规划是创建湿地教育中心的重要工作内容。要完成这一工作需要投入充足的时间和人力。自身的湿地资源、场地的限制条件、工作原则、利益相关方，以及主要目标访客的识别、确认，直接影响着开展湿地教育中心工作的方向和重点。

　　了解湿地的本底资料和访客群体，是开展湿地教育工作不可缺少的一步。

　　湿地的本底资料包括湿地的保护目标、规划要求、管理要求、生态资源、人文历史资源等。梳理资源清单时，不应只简单地罗列物种或事件，而是要澄清重要的自然影响进程和社会影响进程。

　　了解湿地的访客，应根据湿地的基本情况，甄别重要的访客类型，并在认真调查的基础上，理清不同访客的需求。在后续进行场地、教育活动规划时，有针对性地吸引目标访客，满足其需求，达到获得湿地保护支持的目标。

第四章
起点——如何开展
湿地教育工作

建设湿地教育中心是一个长期的过程，不可能一蹴而就，尤其是对湿地资源的收集和整理、对目标访客的分析以及经过团队讨论最终形成的学习策略等，都需要花费较长时间才能完成。在实际工作中，往往不能等到这些都完成才开始执行计划，通常需要边做边想，在实践中积累经验和素材，不断摸索出一个既能和实际结合、满足短期工作任务，又能回应长期发展需要、逐步完善和体系化的湿地教育计划。

湿地自然保护地的宣教工作通常基于该保护地的实际工作需求而开始。比如，每年比较重要的环保类节日宣传活动、为所在保护地印刷各类宣传折页、布置展厅、招募和培训志愿者队伍等，都是湿地自然保护地常见的宣教内容。按照以下步骤指引，这些看似普通的"常规项"，也可以成为湿地教育中心开展湿地教育工作的起点和"抓手"。

一、环保类主题宣教活动

环保类主题宣教活动通常依托环境保护类节日来开展。与湿地相关的环保节日有世界湿地日、世界候鸟日、爱鸟周、地球日、世界环境日等，也有诸如国际红树林行动日等更加细化的主题日。湿地教育中心应根据自身的特点，以全年为时间轴，合理选择不同时间的节日或主题日来开展宣教活动。

（一）确定活动对象

湿地教育中心开展的主题宣教活动，其主要目标是提升公众认知、增强公众对所在保护地的了解，以及与各类媒体合作扩大影响力等。虽然说是"公众"活动，但具体到特定主题，仍然需要明确这次环保宣教活动所针对的"公众"是哪一类人群：是以学校教育系统为主的中小学生，还是城市亲子家庭；是面向附近社区居民，还是自然摄影爱好者等。因知识背景、活动能力、兴趣爱好等方面的差异，不同人群对各类活动的接受程度不同，活动效果也可能大相径庭。

湿地教育中心需要结合访客分析和利益相关方分析的结果，在已经确定的目标访客中，选择一类特定人群作为单次主题活动的主要受众来设计活动。需要多类特定人群参与同一活动时，也要根据每类人群的特点来设计不同的活动内容。

（二）确定活动方式

环保类主题活动方式多样，而今发达的互联网平台使活动形式更加多元化。根据是否利用互联网，可将活动粗略地分为线下活动和线上活动。具体来讲，一般包括以下几种类型。

1. 平面宣传品

例如宣传册、海报（图4-1）。在湿地的宣传区域（如信息公告栏）张贴海报、分发折页或者将宣传册和海报送给合作的社区、学校、企业等。这类宣传品的优点是海报和简单折页的成本相对较低，信息传达简单明确，如果设计美观还会比较受欢迎，只要张贴就可以营造宣传氛围；缺点是过于简单，不能承载更多的传播信息或影响力。

图4-1　2020年中国沿海湿地保护网络"候鸟日"宣传海报

2. 竞赛类活动

例如观鸟比赛、知识竞赛、湿地徒步、定向越野。类似活动都可以用线上或线下的方式组织。线下的观鸟比赛、生态速查、知识竞赛等活动，比较容易吸引来自学校的群体，适合与教育部门合作。简单的线上活动则有利于吸引更广泛的人群的参与，如可供访客下载或在线观看的宣传折页，依托线上平台或小程序进行知识竞赛（图4-2）、线上义卖。

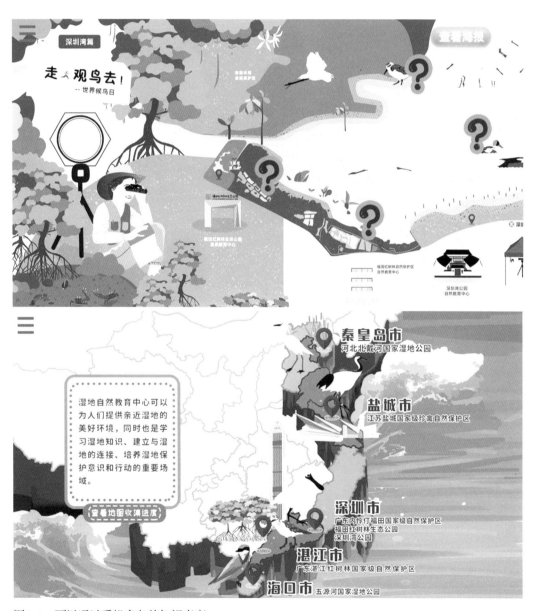

图4-2 可以通过手机参与的知识竞赛

3. 讲座、展览和大型活动

例如组织面向公众的知识讲座、举办展览、策划自然艺术季、自然嘉年华（图4-3）活动。这类活动可以根据客观情况，主要是场地的大小来确定活动的规模。大型活动的优点是比较容易吸引人群，形成传播事件，制造短期影响力；缺点是活动成本较高。

图4-3　近年来较受欢迎的自然嘉年华活动吸引了大量亲子家庭参与（图片来源：深圳市绿色基金会）

举例17　**2020年中国沿海湿地教育中心项目"候鸟日"整合宣传方案**

宣传主题	活动方式	服务对象	活动形式	开展时间
鸟儿连接我们的世界	设计并印制主题海报	各湿地自然保护地及其湿地教育中心	线下：寄送给保护地湿地教育中心，并在当地张贴海报 线上：下载电子版海报	2020年10月至2021年4月
我和我的候鸟朋友	制作并发布候鸟问答小游戏	各地关注湿地的公众	共同在自媒体平台上发布线上答题及抽奖活动	2020年10月至11月
候鸟向往的生活	制作短视频线上课程	湿地周边中小学校	视频互动及线上课堂	2020年11月，共5期
走，观鸟去	户外观鸟	各个湿地的普通访客	组织线下户外观鸟活动	2020年10月至2021年4月

二、制作折页、手册或教材

　　宣教工作启动后，湿地教育中心通常会先制作一些印刷品。比较常见的印刷品有湿地介绍折页（图4-4）、物种折页（以鸟类、植物为主，还有昆虫、底栖动物等）、图鉴、导览手册，还有摄影集、校本教材、科普书籍、研究报告、培训手册等。

图4-4　各地湿地教育中心制作的宣传折页

虽然印刷品的制作和使用看似简单，但并不是制作漂亮或品类丰富的印刷品就一定能达到教育的目的。这些印刷品在制作出来之后，是否能够得到有效的使用，是否能够准确地传达湿地的保护信息，以及是否能够有效地支持湿地教育活动，这些都是需要认真思考和明确的问题。

（一）确定使用场景

在设计制作开始之前，需要明确折页、图册或宣传品的使用场景。

🔔 小贴士

尝试回答以下问题，这批宣传品是：

- 在尚未来到湿地的人群中进行宣传？
- 帮助已经来到湿地的访客在现场熟悉路线和活动？
- 为特定博物爱好者人群准备的辅助材料？
- 为已有的教育活动提供教学支持？
- 给访客的纪念品，帮助强化记忆并吸引他们再次到访？
- 与专业机构和同行进行交流的工具，介绍湿地的工作和成绩？

不同的使用场景会直接影响到印刷品的内容、信息、体量、材质的选择和设计。确定这些印刷品的使用场景，就是确定印刷品的主要使用人群以及在何种情况下使用（图4-5）。这需要设计者了解不同使用人群的特征（具体内容详见第62页了解我们的访客），明确需要通过印刷品达到的主要目标或效果。具体而言，确定使用场景一般需要确认如下信息。

1. 使用的目标或效果

制作这份印刷品，期望达到什么样的目标，实现什么样的效果？

图4-5　针对不同使用者而设计的红树林主题折页

如果是介绍湿地教育中心每月的活动安排（图4-6），可以放置在
展示架上由访客自主取阅，或在活动中由工作人员派发。经由这份折
页，访客可以了解到近期能够选择参与的教育活动。

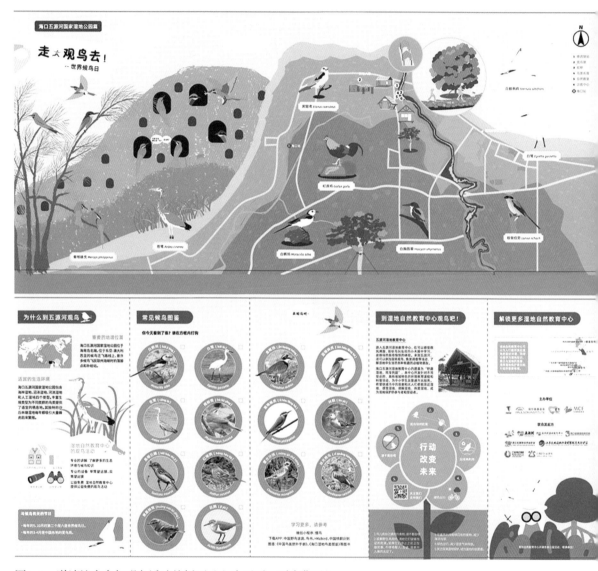

图4-6 邀请访客参加观鸟活动的折页（上为正面，下为背面）

2. 使用者

使用者是哪一类人群，他们有什么样的需求，这份宣传品能够为
他们提供什么信息？例如，同样是为观鸟爱好者提供的鸟类图鉴，面向
刚入门的观鸟爱好者，图鉴的内容以简单为宜，不需要太多物种，而
是以引发其对观鸟的兴趣为主要目标，并强调和引导正确的观鸟行为

（图4-7）；面向已有一定经验的观鸟爱好者，图鉴中的物种数量要有所增加，并突出物种的识别信息。制作尺寸要便于携带且方便观鸟现场查阅使用。

图4-7　供初级观鸟人使用的简单鸟类图鉴

（二）确定宣传品内容

宣传品内容的选择受使用场景、目标访客需求、制作成本等因素的影响，是一个内容不断完善、逐渐具体和清晰化的过程。

举例18 《福田有片红树林》学生手册

从2019年5月开始，深圳市福田区教育局、福田区科学技术协会、福田红树林自然保护区管理局和红树林基金会（MCF）合作，共同在福田红树林保护区内开展面向学校团队的湿地教育课程。

课程的教学目标是通过组织中小学生走进湿地，增加学生对红树林湿地的了解和认知。为了完整地介绍红树林生态系统，该项目设计了三门以红树林、潮间带生物和鸟类为主题的课程。

由于受到场地容纳量的限制，每个参与活动的班级一次只能完成一个主题课程的学习。因此，福田红树林保护区管理局和红树林基金会（MCF）共同编写了科普读物《福田有片红树林》，作为课程辅助学习手册。学生每学完一个主题的湿地课程，就可以利用这本手册（其中有设计好的学习任务单），通过自主阅读或亲子共读的方式，学习另外两个主题的内容。借助手册，学生在福田红树林保护区受到的影响得以从湿地内延伸到湿地外。手册中的内容吸引学生及家长自行前往红树林湿地进行探索，引发他们对红树林湿地更多的关注。

目录

课程辅助学习手册《福田有片红树林》

三、设计展厅

很多湿地教育中心在发展到一定阶段后，都会修建科普展厅，这是一项较为复杂的工作。科普展厅可以是一个单独的展览空间，也可以和访客服务中心的其他设施共同出现。与建设其他教育设施相比，修建展厅是一个时间和资金投入相当高的项目。但是，一个信息集中而明确的展厅，可以很好地起到传播湿地核心信息的作用。湿地的户外体验虽然丰富，但更集中在"此时此地"的体验，具体内容往往受制于时间、空间。例如，在非候鸟季介绍候鸟，或者在介绍大尺度的海陆关系（如迁飞区）、抽象的概念（如食物链）、已经消失的历史变迁以及比较复杂的信息、技术和监测数据的时候，可以通过展厅的展陈设计来帮助访客直观地了解和理解这些内容。

展厅的局限性在于时效有限。一般而言，在建成的 4 ~ 5 年内，展厅都会面临展陈更新、设施更换，甚至整个展陈主题需要迭代提升的问题，因此又需要开始新一轮的投入。此外，展厅运营和维护成本较高，需要做好相应的准备。

🔔 小贴士

展厅建设需要思考的问题

* 如何让投入很多心血的展厅能够有效地支持湿地教育目标？
* 如何让展厅不会因高昂的运维成本而大门紧锁，甚至出现"开馆即闭馆"的现象？
* 如何让展厅的内容真正与户外环境相呼应和连接，帮助访客更好地理解湿地保护的意义，并为更重要的户外体验做好准备？

（一）展览提纲应体现湿地核心信息

湿地教育中心的科普展厅是实现湿地教育目标的手段之一。展厅的展陈内容必须符合所在湿地特定的教育目标，与自身生态特点紧密结合，与湿地教育中心开展的各类活动主题相结合。

展厅不需要营造一个割裂的虚拟空间。展厅的展示内容应与户外环境相连，让访客了解湿地最重要的特点并带着期待来到户外完成一段独特的湿地之旅。访客在科普展厅停留的时间不宜过长，以30 ~ 40分钟为宜。

在设计展厅的展览提纲时，需要提前做好准备：整理好所在湿地重要的自然与人文信息，列出重要的教育资源清单，并筛选出最有价值的部分（具体内容详见第53页了解我们的湿地）。同时，还需要了解访客需求，为访客规划进入湿地的学习旅程，统筹考虑展厅内和展厅户外教育主题的贯通（具体内容详见第62页了解我们的访客）。结合以上二者，确定展厅的展陈内容。

（二）提供"跳板"而不是"答案"

在信息爆炸的今天，激发访客的兴趣比提供详尽的正确答案更加重要。展厅的核心价值在于为访客提供线索，将基于专业资料和研究成果提炼出的核心信息，通过精心设计的展陈互动方式进行传递。好的展厅能够激发访客进一步探索的兴趣，成为访客跃入美好湿地、进行精彩体验的"跳板"。

（三）更关注"学习体验"而不是"声光电"设施

好的互动设计能够引导访客进行自主探索，获得第一手经验。设计展陈时应该关注访客可以根据这些信息"做什么"。除了常见的以电脑屏幕为依托的室内互动设计，在展陈设计中还可以以调动"五感"的方式让访客进行学习：一片可以触摸的真实羽毛或者一束代表湿地植物的真实稻穗，可能会比冰冷的触摸屏更具吸引力。因此，一个生态科普展厅内的展陈设计应关注访客与自然的互动，关注其学习体验，而不是依赖造价高昂的声光电设施，展厅并不需要成为展示声光电技术的空间。

此外，传达专业信息时要考虑和访客已有的经验相连，避免滥用科学术语，自说自话。

📱 举例19 展陈设计："宴会厅里大聚餐"

福田红树林生态公园的科普展馆利用整面墙体，展示不同的鸟类在深圳湾滩涂觅食的场景，以表现一个重要信息：为什么不同的鸟类可以在同一片滩涂觅食而相安无事呢？其中一个原因在于不同的鸟类有不同的取食策略，不同形状的鸟喙可以吃到位于不同位置、不同种类的食物。

这个展陈将鸟喙与人类常用的餐具或生活工具，如筷子、勺子、钳子、漏勺进行联想。访客选择不同的餐具按钮，就能看到哪些鸟类拥有类似形状的喙，进而理解鸟喙与食物的关系。如此，激发访客对鸟类觅食行为的观察兴趣，为接下来到户外滩涂开展观鸟活动做好了"热身"。

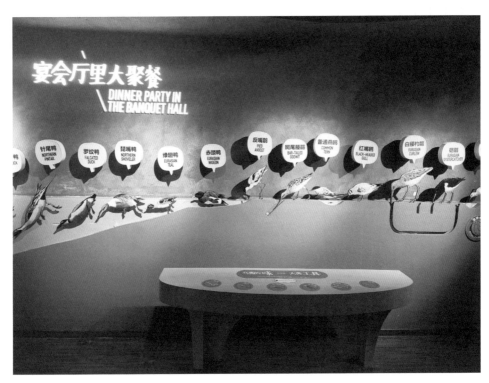

展陈设计"宴会厅里大聚餐"中向访客展示的鸟喙信息

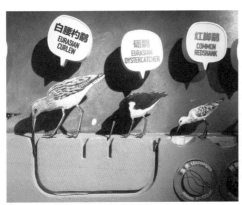

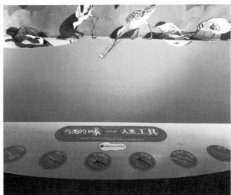

不同鸟喙与食物关系展示（局部）　　　鸟喙与人类工具对比示意（局部）

（四）考虑维护和运营成本

展陈方式的选择要考虑后期维护和运营的成本。展陈运用的技术和设备越复杂，对能源、物资和人力维护的需求就越高。未来的维护和运营成本需要体现在展厅建设规划中，避免"有钱建设、没钱运营"的窘境发生。

四、志愿者队伍

很多湿地教育中心都有自己的志愿者队伍。志愿者是认同所服务湿地教育中心的愿景、使命、价值观，利用自身的专业知识、经验及个人时间参与湿地教育中心工作的人群。

（一）了解志愿者参与志愿服务的一般动机

志愿者选择参与湿地教育中心的志愿服务工作，一般基于以下动机（图4-8）。

内部动机	外部动机
• 对志愿服务意义的认可（愿意不计报酬） • 对所服务机构的认可（从众多提供类似服务机会的机构中挑选） • 对自然的兴趣（选择与自然相关的服务类型，或在自然中进行服务） • 对自我发展的需求（增长自然知识、结交更多朋友等） • ……	• 社会和组织的认可（每年各级组织对志愿者工作的表彰、肯定等） • 助力子女的教育（带动子女进行自然学习、培养其各方面能力） • 职业发展的需求（增加职业经历、了解职业发展的途径等） • ……

图4-8　志愿者参与志愿服务的一般动机

（二）建立志愿者队伍的核心

在建立志愿者队伍前，湿地教育中心需明确以下内容。

（1）认可志愿服务的价值　志愿者为湿地教育中心的发展付出了体力和智慧，需要获得积极的反馈、回应、认可。

（2）有基本的费用支持　建立志愿者队伍是有成本的，包含负责志愿者工作的工作人员的成本，招募、培训、组织志愿者的成本，志愿者相关物料制作的成本等。志愿者队伍的建设应符合湿地教育中心规划的要求，不应该简单视为人力不足的补充，要有明确的工作边界与工作产出要求。

（3）志愿者的工作岗位需要设计　湿地教育中心应基于自身工作

需要来设计志愿者工作岗位，并与志愿者的能力和意愿相匹配，不应该一味地迎合志愿者的诉求，要建立湿地教育中心与志愿者之间的共同愿景，管理志愿者的期待。

（4）志愿服务工作要定期进行评估 湿地教育中心应定期对志愿者的工作进行评估，了解其参与或退出志愿服务的原因，收集志愿者对湿地教育工作的意见与建议，确认志愿者工作是否有效地帮助湿地教育中心完成了自身的教育规划和工作使命。

（三）确定志愿者承担的角色

值得注意的是，不同湿地教育中心可以为志愿者设定不同的角色。这需要在对中心的工作需求进行分析后再决定。通常来说，志愿者会在湿地教育中心中承担的工作任务见表4-1。

表4-1 志愿者承担的角色和对应的能力需求

志愿者承担的角色	对应的能力需求
1. 导览员或解说员 志愿者按照湿地教育活动导览或解说方案，为访客提供自然导览或解说服务	• 了解湿地教育中心所在场地 • 有与课程相关的生态学知识、动植物知识 • 能理解湿地教育方案 • 具有执行教育方案的能力，包含面向公众的语言表达能力、活动组织能力等
2. 专项志愿者 志愿者具备一定的专业知识，能够协助湿地教育中心工作人员开展日常工作，如鸟类、昆虫、水质监测，新闻稿件采写和发布，活动海报设计	• 具备所在项目要求的专业能力，如监测工作中要求的鸟类知识及观鸟技能 • 传播工作中要求的视频剪辑能力等
3. 传播志愿者 志愿者利用自身的影响力，采用多种形式，如讲座、微博、小视频，传递湿地知识和相关理念，吸引更多公众关注湿地、参与湿地保护	• 具备一定的综合能力，如社会号召力、活动策划能力、组织能力、写作能力、招募公众参与活动的能力，以及围绕增强传播效果、助力湿地教育中心向公众推广的能力 • 与专项志愿者中协助传播活动的志愿者相比，传播志愿者在整体传播推广计划中要承担综合性较高的工作任务，并高度依赖志愿者自身的影响力而完成
4. 后勤志愿者 志愿者为湿地教育中心开展各项活动提供后勤支持和保障，如活动中的秩序维护、物料整理、数据记录	• 良好的沟通能力、协调能力 • 对基本设施的使用能力 • 对教育活动的基本理解能力 • 应对突发事件的能力等

举例20 **丹霞山世界地质公园的传播志愿者**

2019年丹霞山世界地质公园在全国范围内发起了"奇美天成丹霞山"图书漂流活动。该活动通过招募志愿者讲师，在全国各地开展以丹霞山为主题的知识讲座，让全国各地的中小学师生更全面地了解丹霞山世界地质公园的生态价值、文化价值、美学价值。项目所招募的志愿者讲师以高校教师和大学生为主，根据主办方提供的课程资料包，利用自身资源，在所在城市的学校、社区开办讲座。在一年时间内，传播志愿者们在国内外77个城市、205所高校和中小学校共举办了209场讲座，提高了公众学习地质地貌知识的热情，提升了丹霞山世界地质公园的影响力，同时吸引了更多的公众前往丹霞山世界地质公园实地探访。

（四）进行志愿者培训与能力提升

大部分志愿者在参与志愿服务前，不具备项目所需的专业能力，因此需要对志愿者进行相关培训。

志愿者和湿地教育中心都有提升志愿者业务能力的内在要求和动力。从志愿者参与志愿服务的动机分析，参与湿地教育中心的专业培训，可以提升自己的生态素养和相关知识，在向社会提供服务的同时精进自身的专业能力。对湿地教育中心而言，发展湿地教育活动是一个循序渐进的过程，要遵循从无到有、从少到多、从基础到深入的规律。因此，湿地教育中心也需要对各类志愿者提供与活动内容相匹配的培训，以满足湿地教育活动的数量和质量、广度与深度不断提升的需求。

（五）建立志愿者支持系统

支持系统是指志愿者为社会提供志愿服务，在为湿地教育中心的发展奉献时间、精力的同时，与湿地工作人员、其他志愿者在志愿工作中建立的良性互动关系。这种互动关系能够为志愿者提供情绪上、情感上和心理上的支持，增强志愿者克服志愿工作困难的决心，激发志愿者持续投入志愿工作的热情。

良好的支持系统包含建立相互尊重的工作氛围、适量安排志愿者的工作任务、充分发挥志愿者自身的能力优势、加强志愿者之间的互动以及肯定与奖励志愿者的工作成绩等（图4-9至图4-11）。

图4-9　组织志愿者外出学习

图4-10 志愿者日常交流

图4-11 志愿者年度表彰大会

小 结

实践湿地教育中心的工作可以从各个层面开始，小到设计一张折页、组织一次活动，大到建设一定体量的展厅或访客中心。在这个过程中需要不断确认教育工作的核心目标：是否符合目标访客的需求，是否回应并支持了湿地的保护目标。

图片来源：上海崇明东滩鸟类国家级自然保护区

湿地上的麋鹿（图片来源：江苏盐城湿地珍禽国家级自然保护区）

案例篇 湿地

中国湿地教育中心创建指引

以终为始，更上层楼

——江苏吴江同里国家湿地公园湿地自然学校

水乡同里（孙晓东 摄）

一、概况

江苏吴江同里国家湿地公园（以下简称"同里湿地"）地处江苏省苏州市吴江区同里镇东北部，位于我国经济高度发展的长江三角洲核心腹地，距上海市约80千米、苏州市约20千米；东与著名的江南水乡古镇周庄为邻，西与千年文明古镇同里相连，地理位置优越，交通便利；于2013年开始创建国家级湿地公园（试点），2020年正式授牌为"国家级"湿地公园。公园总面积达972.18公顷，湿地面积为830.33公顷，湿地率达超85%，为水鸟等野生动物提供了丰富的资源及栖息地。

同里湿地及周边地区是典型的江南水乡，拥有独特的田园风光和水网景观。从湿地资源来看，公园湿地类型丰富，水网交错，是以天然湖泊沼泽湿地生态系统为核心，由永久性淡水湖泊、淡水草本沼泽、森林沼泽、河流、库塘等多种湿地类型组成的复合湿地生态系统，系统而集中地展示了江南水乡湖、泊、沼、泽、荡、塘、河流、永久性水稻田等湿地形态。

二、全方位的发展之路

国家林业局（现国家林业和草原局）自2008年以来，相继发布和实施了科普宣教方面的标准和管理办法。《国家湿地公园评估标准》《国家湿地公园管理办法（试行）》和《国家湿地验收办法（试行）》对国家级湿地公园的宣教设施、宣教解说体系作出了明确的要求。因此，同里湿地从建设之初起便定位于宣教。2014年同里湿地成立生态宣教部；同年，生态宣教部的"大本营"——自然课堂小木屋在森林里落成。以传播环保理念，增强公众环保意识，触发公众环保行动为主旨，生态宣教部通过开展各类生态讲解活动，用科普宣教推进"人与自然和谐共生"关系重建。

（一）规划宣教解说体系

2013—2015年，同里湿地邀请浙江大学、南京大学专家团队为其编纂总规。经过全面的资源梳理，《同里湿地总体规划》和《同里湿地旅游总体规划》相继完成。2015年底，公园结合科普宣教和生态旅游需求，委托上海新生态工作室正式开展同里湿地解说系统规划工作，并以此解说系统规划为顶层架构，总结、凝练同里湿地的解说主题和内容体系，充分挖掘湿地生态系统中自然资源和人文资源的价值和意义。以科普馆、游客中心、观鸟屋、自然步道等为设施媒介，以导览解说、自然教育课程、生态体验活动为人员解说媒介，以自然导赏手册、自然文创产品、互联网移动端等为媒体载体，同里湿地系统地开展宣教体系建设，讲述江南水乡湿地的故事，为公众提供高品质、多样化的科普宣教、自然教育、生态旅游等生态体验产品，探索国家自然公园生态保护和发展的新模式。

同里湿地的湿地教育团队（金雨婷 摄）

工作团队与业内专家座谈（金雨婷 摄）

（二）构建宣教场所

宣教设施是同里湿地宣教系统的主要载体，主要包括宣教场所、标识标牌和主题步道。每个宣教场所都有其各自的功能定位和宣教主题，是湿地宣教体系的具象化表达。森林里的小木屋、池塘边的观鸟屋、小溪边的昆虫探索小径、健身步道上的解说牌……既是湿地景观的组成部分，更是公园背景和内涵的直接表达。

其中，湿地科普馆可谓是湿地宣教场所的"集大成者"，科普馆共2层，建筑面积4000多平方米，布展面积约3260平方米。馆内布展以"造化神秀，依水而生"为主题，通过"湿地变迁""湿地探秘""水乡生活"三条主线向游客展示同里湿地与自然的亲密联系。

2021年建成的同里湿地科普馆（金雨婷 摄）

（三）培养宣教人才

2014年，生态宣教部刚成立时仅有2名成员。2018年，同理湿地对宣教团队进行了大规模的扩充，宣教团队增至9人，其中不乏具有生态学、林学、植物学等相关学术背景的专业人才，或是具有多年自然教育经验的实践型人才。

同里湿地对宣教人员的培养贯穿于宣教工作的各个时段和环节，在多个维度上创造学习条件，引入学习资源，提升学习成效。针对刚入行的宣教讲解员，公园方面会及时安排其参加与苏州市湿地保护管理站（以下简称"苏州湿地站"）合作的苏州湿地自然学习，定期开展讲解员基础培训。新手们可以通过与苏州当地的鸟类、植物学家面对面，对公园及周边的物种有初步了解和认识。2018年以后，同里湿地与世界自然基金会（WWF）建立合作，将国际一流的宣教理念、技巧和内容带进湿地。在参与宣教人员实务培训、与WWF的专家学者一起打磨课程的过程中，讲解员们不仅可以开阔视野，还能对照专家的辅导，反思自主研发的短板和不足，为开发出更多、更好的本土课程做好储备。

2020年，同里湿地荣获了由苏州湿地站和WWF授予的"苏州湿地自然学校"和"WWF注册自然学校"称号，同时培养出4名WWF环境教育注册讲师。

（四）创新宣教课程体系

经过了资源梳理、人员配备、课程的开发和打磨，同里湿地形成了一整套设置科学、内容丰富、操作便捷的课程体系。这一体系的投入使用，从制作的流程上来说，经历了几个阶段。

最早是自我摸索阶段。同里湿地的宣教工作从公园建设之初就已经着手准备，伴随着公园建设的各个重要时间节点，形成了特色鲜明的宣教主题。但是，这个阶段的宣教工作，由于缺乏成熟的团队、合理的空间、足够的资源，还处于初级阶段。但其中所蕴含的本土化内容、生活化表达等特点，被广泛应用于之后的课程开发。

同里湿地宣教课程集

之后是借力阶段。通过与WWF等机构合作，引入解说资源梳理专业团队，同里湿地以工作坊的形式借智。在公园的自然课堂里，讲解员团队在专家的帮助下，逐步拼搭出科学模板和合理系统。

最后进入自主研发阶段。通过对公园资源体系的全面梳理，团队逐渐理清了宣教主题。围绕这些与湿地多样性、历史纵深感、生活体验感息息相关的主题，各成体系的宣教课程纷纷出炉。

目前，同里湿地的宣教课程共分为3大次主题12个模块。课程内容包含了湿地物种、湿地生物多样性、湿地文化、湿地保护等各个方面，课程适宜人群涵盖了学龄前幼儿至成年人的各个年龄段。

同里湿地观鸟活动（周敏军 摄）

同里湿地夏令营活动（金雨婷 摄）

三、发展中的思考

（一）人才能力需求多元化

同里湿地较好地完成了湿地教育中心初期建设，在公园宣教资源分析和课程设计上对人才专业能力的培养，搭建了一支懂研发、能执行的人才团队。团队内部每位成员各有所长，相互配合。与其他湿地教育中心相类似，同里湿地也面临人才队伍的流失。随着湿地科普馆的建设完成即将进入运营期，现有的人员团队需增配具备以下能力的工作人员：根据同里湿地的解说主题，将湿地科普馆的室内资源与户外资源结合，发挥场馆教育功能的最大化的研发设计人员；根据访客流量合理规划访客在馆时间的运营管理人员；能够对场馆各项设施进行维护的运维人员等。此外，面对疫情长期化，还需要了解自然教育并熟悉新媒体运作的专业人员。宣教团队要不断适应人才能力多元的要求进行适应调整。

（二）专业联动待"出圈儿"

对同里湿地而言，宣教工作要在专业性上更进一步，需要突破自然教育"圈层"，与更多类型的专业机构合作，以实现湿地教育中心全面、健康、可持续的发展。如果说过去合作的专业性机构多为自然教育类，团队培训主要为课程设计等内容，那么在未来，要更多地与科研机构加深联系，深化对生态相关知识的理解并融入宣教课程中；向博物馆等有着场馆运营经验的机构学习，让湿地科普馆最大限度地发挥功效；为团队提供新媒体、大型活动策划等培训，搭建更好地团队发展平台，跟上行业发展的步伐，在行业内持续领跑。

本案例所有图片均由同里湿地提供。

破茧成蝶的生态乐园

——江苏昆山天福国家湿地公园湿地自然学校

天福湿地"桥苑"俯瞰图

一、概述

江苏昆山天福国家湿地公园（以下简称"天福湿地"）位于江苏省昆山市花桥经济开发区，地处太湖流域吴淞江水系，是以水稻田为主要湿地类型的国家级湿地公园，园区总面积779.54公顷。天福湿地于2013年底获批进行国家湿地公园试点建设，2018年完成国家级湿地验收评估，2020年完成复评。

天福湿地落实"生态保护优先"原则，通过对现有农田进行综合治理，重构农耕湿地水网结构。利用天福湿地的农田休耕营造生境，为鸟类迁徙和栖息提供了适宜的环境；园区还积极推进湿地修复及监测项目，构建了完备的湿地生态监测体系，为园区开展保护、管理和建设提供了有力的支持。在一系列的举措之下，天福湿地取得了良好的生态效益。园区湿地率由建设初期的41.77%增加到了63.62%，现有植物549种、动物605种，其中包括国家一级重点保护野生动物1种、二级重点保护野生动物31种，生态修复成效显著、生物资源保护功能突出，2020年被列为江苏省野生动物密集分布区域。

2016年"天福湿地自然学校"成立，依托天福湿地良好的生态环境以及水稻田为特色的湿地景观，至今已累计开展环境教育活动400余场，覆盖近2万人，学校、企业、游客等成为主要的访客人群。近年，天福湿地相继获得"中国林学会自然教育学校""江苏省科普教育基地"等荣誉称号。天福湿地在保护修复、科普宣教以及管理制度上受到了国家林业和草原局的高度认可，建设了用于培训湿地管理人才的"天福实训基地"可以实现教室内学习理论知识，教室外提供修复案例；拥有人均近5年自然教育经验的专业宣教讲师团队等。基于以上优势，天福湿地承办了各类国家级、省级培训班30余次，积极搭建行业交流平台，为全国400余家湿地公园提供专业人才培训服务，获得国家林业部门和业界的广泛赞誉。

二、科研宣教齐发展

（一）始终把生态修复工作放在首要位置

习近平总书记在重庆推动长江经济带发展座谈会指出，"长江拥有独特的生态系统，是我国重要的生态宝库。当前和今后相当长一个时期，要把修复长江生态环境摆在压倒性位置，共抓大保护，不搞大开发。"

天福湿地始终坚持"全面保护、科学修复、合理利用、持续发展"的基本原则，常态化开展鸟类、水质等生态监测，通过研究分析生态监测数据，指导湿地修复与管理工作科学有效的开展。同时，以"精细化"为关键词，对湿地保护区开展建设管理。一是在湿地文化宣教园中，针对不同迁徙季，栖息地管理调整及时合理。冬季针对雁鸭类，进行植被管理、营造生境并提高水位。近年来，成功记录到新记录种赤膀鸭、赤麻鸭等雁鸭。夏季针对鸻鹬类，通过降低水位、加速水源补充等方式，吸引水雉、黑翅长脚鹬繁殖，斑嘴鸭、绿翅鸭定居。二是开展湿地文化宣教园二期修复项目，完成水塘合并3处，构建生态岛屿2处，解决了水体循环问题的同时有效扩大了鸟类栖息地，并成功吸引国家二级重点保护野生动物黑翅鸢等10种新记录种。

春季金黄的油菜花，在每年水稻种植前作为绿肥打入田地增加土壤肥力，以减少园区化肥的使用

工作人员正在夏候鸟到来前进行水位管控

夏候鸟主要以水稻田中的鱼虾为食，工作人员清理稻田中生长过快水草，为候鸟打扫"厨房"

发现5只短耳鸮后，过去的跑马场改建为湿地文化宣传园，为更多的动物打造生态家园

湿地生态农业，人与鸟类共享农田

（二）深挖"三生"主题，打造水稻田主题特色科普宣教活动

天福湿地以"湿地生态、有机生产、水乡生活"的"三生理念"为指导思想，开展科普宣教工作，发挥湿地文化功能。其中，"湿地生态"是生态旅游、湿地游的环境资源基础；"有机生产"和"水乡生活"是江南农耕文化的重要体现，是公园开展湿地文化宣传教育的载体。

湿地公园围绕"生态、生产、生活"的"三生有幸"理念，设置了主题鲜明而多样的特色宣教场所，主要包括大树教室、湿地文化宣教园、观鸟屋和湿地科普体验园；以园区的农业生产为主题，开设了"农夫鲜体验""食物里程""四季果酱""二十四节气与农事""果蔬采摘"等农事相关课程，在众多湿地公园中独树一帜。学生群体是科普宣教活动的核心对象，通过寓教于乐、重在现场体验的教育活动，从了解什么是湿地，到爱上湿地中的有趣生物，再到用实际行动去践行环境保护，在孩子心中埋下了一个热爱自然、关爱环境的种子。

三、发展中的思考

科研数据需要有效的转化用于指导湿地科学修复。目前，天福湿地已在园内布置了在线监测设备21套，虽然累积了大量的监测数据，但是通过数据实现科学的管理及修复效率仍不够高。下一步，天福湿地要通过在线监测设备实现监测持续化，并对生态监测数据进行可视化管理。监测数据可视化系统可以将湿地公园的大气环境、水文、土壤、鸟类栖息情况等生态数据进行即时的整合分析，以柱状图、折线图、散点图等多种图形实现可视化展示。管理人员可以更直观地从大屏上察觉园区内

的突发环境状况，用科技的手段和精细化管理的方式实现鸟类栖息地的
持久化营造。

中小学生团队正在开展科普活动"湿地心体验"

利用培训中心前空地组织以农耕为主的研学露营活动

本案例所有图片均由天福湿地提供。

案例 三

大力建设人才队伍，积极探索『湿地+』理念

——江苏常熟沙家浜国家湿地公园自然学校

沙家浜独具特色的芦苇荡湿地

一、概述

江苏常熟沙家浜国家湿地公园（以下简称"沙家浜湿地"）地处江南水乡常熟，占地面积345公顷，河湖相连，水网稠密，以芦苇湿地为特色，是典型的河道漫滩和低洼地所形成的湿地，其间沼、泽、滩、湖等湿地景观丰富，孕育了丰富的野生动植物资源，形成了特有的生物链及相互依存的生态环境，不仅为太湖流域提供了颇具特色的生态旅游资源，其湿地组合也在太湖流域具有明显的典型性和代表性。良好的湿地环境，还为鸟类的栖息繁衍提供了理想的生存环境。苏南东路抗日根据地暨阳澄湖地区的抗战斗争历史资源，以及闻名于全国的京剧《沙家浜》故事，为沙家浜湿地沉淀了丰厚的历史文化底蕴。

沙家浜湿地自1989年开始发展旅游业，2004年成立苏州沙家浜旅游发展有限公司。近年来，随着国民经济的发展对环境带来的影响日益增大，沙家浜凭借着优越的环境优势，开始着手恢复和保护湿地。通过房屋搬迁、鱼塘整改、退田还湿、底泥疏浚和水系沟通、生境营造等工作的开展，改善了湿地的生态环境。2009年成为国家湿地公园（试点），2013年正式成为国家湿地公园。2020年，受疫情影响，接待游客71.65万人次（2019年，逾212万人次）。

二、人才队伍建设

（一）整合人才队伍，层层筛选，组建教育核心团队

为了解决湿地教育专业人员不足和专业能力有待提升的难题，2016年，沙家浜湿地成立培训中心。2017年，与台湾友善种子环境教育团队合作，学习借鉴美国国家公园教育理论和方法。历时8个月的培训，完成了讲解员、拓展师和自然学校工作人员3支队伍的整合，并为全部的90名工作人员进行了环境教育基础理论培训，为开展基础的环境教育提供了人员上的保障。接着从这90人中经过考核挑选了30人组成"红绿方案发展小组"，同时完成环境教育活动与教学法以及课程设计的培训学习。随着学习专业程度的深入和难度的提升，最终以内部投票方式选择了8人成为课程研发核心小组成员。核心小组承担课程设计研发和课程评估等专业性较强的工作。其他受训人员参与活动组织与实施等教学工作。

沙家浜湿地综合考虑讲师的语言表达能力、应变能力、亲和力以及敬业精神、环境教育理念等基本素质，通过层层筛选的机制，最大程度挖掘了沙家浜湿地内部参与教育教学的人员，既为讲师个人实现其自我

沙家浜秋日的芦花让访客体会到自然的静谧与美好

价值提供了平台，又保证了开展教学活动师资力量；通过不断递进的学习内容，组建核心小组，为教育教学活动的长期开展储备了专业人才，形成了一支较为稳定的讲师队伍。

（二）不断升级迭代，宣教活动体系化

8个月的培训，核心团队成员初步掌握了湿地教育常用的课程设计方法。结合沙家浜湿地的资源特色和主要访客分析，在培训老师的指导下针对不同人群特点完成了4套基础课程的研发。《湿地飞羽精灵》和《探秘植物乐园》课程以公园本土的动植物为主题，主要受众是学生或亲子家庭。《红色总动员》课程以沙家浜革命历史为主题，适合高年级学生、企事业单位等。《水乡婚俗秀》课程以沙家浜水乡文化为主题，适合以男女青年为代表的普通公众。

而后，核心小组成员，在实践中不断学习与反思，盘点资源，将文化、历史、生物、探秘、拓展等多个主题紧紧融合，围绕红色教育文化、绿色生态文化和江南水乡文化等资源，自行开始研发环境教育课程和活动，并根据参加课程和活动的师生及访客反馈，不断对内容进行升级与迭代。

同时，核心小组创造性地运用内容丰富、形式多样的课程单元，使

科普宣教区的观鸟屋，对面就是保育区，为访客观鸟提供了绝佳的位置

宣教老师正在为企业团队观鸟活动进行讲解

宣教老师正在讲解沙家浜红绿新学堂系列体验课程之"荷叶的秘密"

之既自成一体，又相互融合，组成不同的教育主题，形成一套完整的教育活动体系。访客可以根据不同的需求选择不同的课程单元组合形成不同主题、不同时长、具有沙家浜特色的定制化教育活动行程或线路。按不同的课程单元，可以定制一天班、两天班、三天班等。

目前，沙家浜湿地的宣教活动，在"红绿"大主题之下，已系列化、体系化，可以满足中小学校、企事业机关团体以及成人访客和亲子团队等不同类型访客的多种参访需要，包括党性教学类、民俗风情类、湿地研学类、素质拓展类、项目体验类和手工类等。沙家浜湿地也先后荣获了"全国爱国主义教育示范基地""全国中小学生研学实践教育基地""全国科普教育基地"等荣誉称号。

沙家浜课程和活动目录（部分）

（三）梳理经验，提升讲师队伍专业素质

讲师队伍素质关系到所研发的课程是否能够得以充分实施。沙家浜培训中心梳理讲师培训经验，除了环境教育基础知识等理论培训内容，针对讲师实际上课中所需的教学技巧，如发音方法、语言表达、控场能力等也实施全流程培训。从内部演练再到外部试教，全面的培训练习并通过考核后的讲师方能进行正式地对外教学。

三、发展中的思考

环境教育是沙家浜湿地的一项重点工作。宣教课程和活动硬件设施的升级以及宣教资源的深入挖掘需要纳入整体工作规划中，在资金和人员上予以支持。

新冠疫情长期化，对开展户外活动的影响也是长期化的。宣教人员需要利用新的方法和手段来实现宣传目标，如对像抖音、哔哩哔哩等新媒体的利用，参与教育的人员也要相应地拓宽专业面、拓展专业能力。

环境教育的市场认知度较低，目前仍停留在公益为主阶段，环境教育讲师无法实现增收，容易带来人才的流失。

本案例所有图片均由沙家浜湿地提供。

案例四

以自然为师，培育中国滨海湿地守护者

——广东深圳华侨城国家湿地公园自然学校

华侨城湿地东门景观

一、概述

广东深圳华侨城国家湿地公园（以下简称"华侨城湿地"）位于深圳华侨城欢乐海岸北区，与深圳湾水系相通、生物资源共有，与香港米埔自然保护区隔海相望，是深圳湾滨海湿地生态系统的重要组成部分，也是国际候鸟迁徙线路上重要的中转站、栖息地。

20世纪90年代，华侨城湿地还是深圳湾填海时留下一片滩涂。2007年，华侨城集团受深圳市政府委托接管这片湿地，开创"政府主导、企业管理、公众参与"的创新管理模式；组建领域生态专家团队，以湿地保护为核心，按照"保护、修复、提升"的原则，对湿地进行了长达5年的生态修复。

2012年，参照保护区管理模式，正式对外开放，实行"网上预约、免费开放"的模式，保障生态承载量及自然体验品质，为市民提供一个亲近自然的平台。

2014年，成立全国第一家自然学校，华侨城湿地以保护为基、教育为魂，集湿地体验、生态保护和科普教育于一体，自然学校以"一间教室、一套教材、一支环保志愿教师队伍"的"三个一"为宗旨，致力于以自然为师，培育中国滨海湿地守护者，希望通过自然学校的平台和公益组织联动，推动社会公众参与生态文明建设。

2016年底，经国家林业局批准成为国家湿地公园试点。2020年底，通过国家湿地公园验收，成为深圳首家国家湿地公园。

二、志愿者管理模式

（一）志愿者工作的沿革

华侨城湿地自然学校是一个开放、包容、亲近自然的公益平台，秉承着"三个一"的宗旨进行建设，其中"一支环保志愿教师队伍"便是指奉献、友爱、互助、进步的环保志愿教师队伍。现已有包括"红马甲"志愿服务队、环保志愿教师志愿服务队、暨南大学党员志愿服务队、青少年志愿服务队、工作人员志愿服务队在内的6支服务队，现深圳市义工联在册志愿者共计500余人。

成立之初，为规范志愿者管理，华侨城湿地同深圳团市委申请成立了"华侨城湿地自然学校志愿服务队"，最初与深圳市义工联合作，引进"红马甲"服务队；2014年自主成立环保志愿教师志愿服务队，向社会公开招募并培训环保志愿教师；2016年暨南大学深圳旅游学院"阳光益行"党员志愿服务队加入湿地；2017年深圳狮子会68支志

都市绿翡翠——华侨城湿地的绿水蓝天

年度志愿者表彰大会

愿服务队服务于湿地；2019年组建青少年志愿服务队。湿地工作人员志愿服务队也助力自然学校公益平台，多方志愿服务队伍在自然学校中开展服务。

志愿者正在带领公众导览"植物趣多多"

（二）志愿者在华侨城湿地的角色

华侨城湿地自然学校的6支志愿服务队，从2013年开始在湿地开展各式服务，大致分为湿地生境管理、园区运营及教育活动协助等服务，除此之外湿地还为志愿者提供了施展才艺的平台，根据志愿者的特长开展绘画、摄影、文稿等各式服务。这不仅为华侨城湿地的生境维护及教育活动提供了强有力的支持，面向市民传播公益环保理念，倡导低碳绿色生活，还能充分调动志愿者的积极性，弘扬奉献、友爱、互助、进步的志愿精神，以实际行动书写新时代的雷锋故事。展现深圳这座"志愿之城"中志愿者们热心公益环保、积极奉献社会的志愿精神。

即将开始对外服务的志愿者团队

华侨城湿地自然学校自成立以来，致力于以自然为师，培育中国滨海湿地守护者。每年携手环保志愿教师针对不同年龄、不同季节研发出包括红树课程、自然fun课程、小鸟课堂、小小探险家、零废弃等29套多元化课程，并常年举办湿地日、环境日、地球日、爱鸟周等重要环境主题日活动。原始海岸线变成流动的课堂，结合湿地本土资源研发教材，以体验式教学为主，注重人格的培养，重建人与自然之间的情感联结。华侨城湿地自然学校以敬畏、担当、仁爱、觉知四大教学目标，每年向社会招募1～2批环保志愿教师。截至2020年底，累计培育了12期共425名环保志愿教师。

（三）志愿者管理体系

华侨城湿地自然学校坚信"人格的培养比知识的传递更为重要"，一个好的志愿者的培育是一个长期的过程，成立以来自然学校建立并不断完善志愿者管理规范，在志愿者培训、服务、鼓励机制等方面对志愿者进行规范性管理；针对志愿者们每年的服务次数、服务情况、特殊贡献等方面设置不同级别的奖励措施，如志愿者证、环保志愿教师聘书、

面向志愿者的自然木作工作坊

青少年志愿者正在为访客讲解

暨南大学志愿者团队在服务中

优秀志愿者；并对优秀环保志愿教师提供更多的培训机会。除此之外，还完善了培训体系，分为进阶培训、华生态讲堂、高阶培训以及外出学习等；为优秀志愿者提供外出分享等机会，并且每年还会组织邀请不同领域的专家进行专业化培训，提升志愿者的专业技能。

（四）志愿者支持系统

为了丰富志愿者的活动，促进合作热情，增加团队凝聚力，华侨城湿地自然学校还开展了丰富多彩的团队建设活动，为志愿者打造家的氛围。志愿者沙龙搭建志愿者沟通交流的平台，营造轻松、舒适的沟通交流氛围，增强彼此之间的熟悉度以及团队凝聚力；志愿者分享会充分发挥志愿者的主观能动性，分享自己的服务经验和心得、分享对自然的认识以及对自然教育的想法和见解，实现志愿者展示自我、相互学习、共同成长。每年一度的志愿者感恩表彰会是志愿者大家庭欢聚一堂的时刻，对志愿者们整个年度的服务进行感恩表彰，提供一个展现志愿者多才多艺的舞台，表彰志愿者对社会公众无私奉献的服务精神，鼓励更多的优秀志愿者投入公益环保的服务行列。

三、发展中的思考

至2021年，华侨城湿地自然学校已成立近8周年，志愿者团队的力量也在逐年壮大，有稳固的志愿者团队基础，每年也有充满活力的新生力量。面向社会公众开放的志愿者服务平台，是吸引社会各界热心人士加入湿地的前提；健全完善的培育和激励机制是保障志愿者参与服务的基础；科学且人性化的管理制度是联结湿地与志愿者的重要保障；志愿者之家、自然教育之家、自然书屋多方面的后勤保障为志愿者打造了家的氛围。但如何长期维系往期志愿者团队，深入挖掘志愿者的主动性，与志愿者建立长期且深入的联结依旧是目前亟待思考的工作，这也是华侨城湿地自然学校打造"一支环保志愿教师队伍"，一直以来所要不断探索的工作。

本案例所有图片均由华侨城湿地提供。

案例五

全面发展、力争优先的『海珠模式』

——广东广州海珠国家湿地公园自然学校

海珠湿地地标——海珠牌坊

（谢惠强 摄）

一、概述

广东广州海珠国家湿地公园（以下简称"海珠湿地"）地处广州市中央城区海珠区东南隅，被誉为广州"绿心"，总面积约1100公顷，是中国特大城市中心区最大的国家湿地公园，融汇了繁华都市与自然生态美景，积淀了千年果基农业文化精髓，是候鸟迁徙重要通道、岭南佳果发源地和岭南民俗文化荟萃区。海珠湿地每年吸引接待游客近1000万人次，已成为广州市靓丽的生态名片，发挥着良好的社会效益、生态效益与经济效益。

海珠湿地建成于2012年，深耕生态保护和湿地宣教工作已有8年，不断创新生态保护形式，把濒临消失、破败颓靡的万亩果园逐步建设成为具有全国引领示范意义的城央湿地。海珠湿地于2015年2月2日建立海珠湿地自然学校，开创自然教育的"海珠模式"，传承岭南优秀传统文化，凝聚社会力量共建湿地，打造人民群众共享的绿色空间；积极搭建国家湿地公园、自然教育等行业交流平台，引领全国湿地公园生态保护和宣教工作，实现人与自然、都市发展与生态保护的和谐共生，已成为粤港澳大湾区向世界展示生态文明建设成果的重要窗口，是"绿水青山就是金山银山"的生动诠释。

城央果林湿地——海珠湿地俯瞰（谢惠强 摄）

二、海珠模式

（一）开创自然教育"海珠模式"

海珠湿地自然学校是由政府主导、全社会参与的开放式自然教育平台，旨在建立人与自然沟通的桥梁，让湿地成为保护之地、教育之所、陶冶之园。海珠湿地自然学校经过多年的实践探索，逐步形成自然教育的"海珠模式"。以自然学校为平台，串联起一个奋斗目标、两支专业队伍、三类服务对象和四条支持途径。自然学校在培养自身的自然教育团队的同时，吸引众多有品质的自然教育机构建立合作伙伴关系，广泛与公益组织、政府部门、科研院校深入合作，并培养专属的志愿者团队作为支持力量，打通"政企研学用"闭环，实施"进学校、进企业、进社区"三进战略。

（二）地校紧密合作共促发展

在海珠区教育局的指导下，海珠湿地通过与各学校共建海珠湿地实验学校、广州市劳动教育基地、环境教育实践基地等方式，联合学校教师开发教材，共同培养师资队伍，与教育系统无缝对接，引导学校自主开展湿地特色课程，为广大中小学生提供广阔的社会实践平台。海珠湿地联合9所学校的骨干教师共同开发了《海珠湿地校本课程》，现已在20所试点学校常态开展，2018年被广州市教育局评为优秀青少年科教项目，2019年获评全国自然教育优质书籍读本。

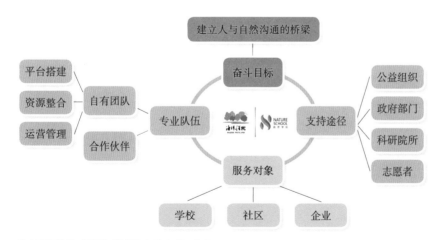

自然教育的"海珠模式"（冯宝莹　绘）

（三）联动社区参与湿地共建

海珠湿地周边有8个自然村共约50万居民，获得社区居民的支持对于湿地保护工作至关重要。海珠湿地通过落实征地安置保障，优先聘用当地居民参与湿地建设管理，与周边社区签订共建公约，引导村社发展高端产业，实现可持续发展；结合市民喜闻乐见的方式，联合街道举办湿地杯社区足球赛、龙船景活动、岭南佳果敬老等活动，让村民享受生态福利的同时提高生态保护意识；向周边村社招募家庭志愿者，引导社员成为湿地宣传员，以1个家庭带动多个家庭，共建"看得见水，记得住乡愁"的美丽家园。

（四）争取各方资源助力发展

海珠湿地的生态效应逐渐转化为创新经济和高端人才的集聚效应，自2016年以来，众多互联网高新技术产业聚集在湿地周边，海珠湿地已与腾讯、保利、海康威视、世界自然基金会（WWF）、阿拉善SEE生态协会等企业及非政府组织建立良好的合作关系，积极争取各方资金、技术和人才的支持，助力自然学校的建设与发展。自然学校为企业提供自然教育课程活动定制服务，同时积极引导企业深入参与到自然教育工作中，通过资助教材教具制作、支持公益课程开展、参与湿地教材的研发、共建自然教育营地等合作方式，共推生态保护与自然教育事业发展。

● 场域设施	● 人才队伍	● 特色课程	● 运营管理
自然教育中心	科学顾问12名	海珠湿地校本课程	"三进"策略
党群服务中心	运营团队24人	生机湿地系列	解说系统建设
农耕教育基地	自然导师30多人	岭南农耕系列	课程体系建设
龙舟文化基地	合作机构60多个	传统文化系列	人才体系建设
湿地研学空间	湿地特拍员15多人	湿地研学系列	基地平台建设
观鸟层4座	雁来栖志愿者135多名	专业培训系列	场域设施管理
自然教育径10条	小小导赏员100多人	合作伙伴课程	合作机构管理
环境监测站10座	家庭志愿者300多人	夏/冬令营	志愿者管理
解说牌4000多个	湿地志愿者1200多人	团队定制	自媒体运营等

海珠湿地自然学校四大基石（冯宝莹 绘）

三、不断优化的发展之路

从发展阶段上看，自然学校主要分为3个建设时期：

①培育期（2015—2016年）：重在盘点湿地特色资源，建设基础场域设施，培养专职的人才队伍，探索与自然教育机构合作模式；

海珠湿地观鸟栈道（谢惠强　摄）

②规范期（2017—2018年）：重在研发特色课程，完善配套场域设施，规范合作机构管理，探索专业志愿者团队的培养模式，形成管理制度；

③推广期（2019年至今）：重在推广优质的自然教育课程，完善人才培养体系建设，对外输出经验和人才，参与行业共建，引导自然教育行业良性发展。

多年来，海珠湿地积极创建各类教育基地，并以此标准不断完善建设、规范管理、创新发展，先后获得"全国林业科普基地""全国中小学环境教育社会实践基地""全国首批自然教育学校（基地）""广东省自然教育基地""广东省中小学生研学实践教育基地"等称号；先后担任中国国家湿地公园创先联盟首届主席和常设秘书处、华南自然教育网络工委会主席单位、粤港澳自然教育联盟秘书处和粤港澳大湾区企业家联盟广州秘书处；积极搭建良好的行业发展平台，构建跨行业生态圈，推进我国自然教育事业专业化、规范化、产业化发展。

海珠湿地自然学校研发的校本课程

（冯宝莹 摄）

四、发展中的思考

　　不管在哪个发展阶段，人员始终是自然学校可持续发展的生命力所在，人员的专业水平很大程度上决定着自然教育的品质，甚至能决定着

海珠湿地上空自由飞翔的黑翅长脚鹬（谢惠强 摄）

整个团队能走多远。人才问题也是历年来全国自然教育行业发展调研数据显示最为突出的问题。主要体现在：①招人难，对口学科专业的人员非常稀缺；②培养难，国内缺少专业对口学科、行业的培训体系尚未成熟、自然导师的培养周期长；③易流失，培养好的人员可能会因为薪酬低、发展前景迷糊、家庭等因素而离职或调职。

为了应对以上问题，海珠湿地除了培养自身的专业团队，还与各个自然教育机构建立良好的合作伙伴关系，共同培养了一批自然教育专业志愿者队伍，通过拓展多元化结构的人才队伍，借助合作伙伴的师资和志愿者的力量，不仅弥补了专职人员数量少和流动性大的问题，还能充分整合和利用湿地资源，持续为更多市民提供优质的自然教育服务。

海珠湿地自然学校从几个人的专职人员起步，如今已发展成为一个有上百人的团队。人才队伍的壮大需要循序渐进，在发展起步阶段，重在培养专职团队，为以后的发展奠定基础；想要更长远的发展，则离不开合作伙伴的支持和规范的管理；当积累有足够的师资力量和管理经验，才可能培养出素质良好的志愿者队伍，共同开创无限可能的未来！

本案例所有图片均由海珠湿地提供。

案例六

建立中小学生与湿地的联结

——福田红树林自然保护区湿地教育中心

福田红树林保护区内的一片原生红树林

一、概述

　　广东内伶仃—福田国家级自然保护区成立于1984年，总面积约922公顷，由内伶仃岛和福田红树林两个区域组成。其中福田红树林区域（以下简称"福田红树林保护区"），地处深圳市福田区，深圳湾东北岸，面积约368公顷，拥有沿海岸线约9千米，主要保护对象为红树林及越冬水鸟，是全国唯一处于城市腹地、面积最小的国家级自然保护区。福田红树林保护区所在的深圳湾，毗邻拉姆萨尔国际重要湿地——香港米埔自然保护区，每年有10万只以上长途迁徙的候鸟在此越冬和停歇，是东半球国际候鸟通道上重要的"越冬地"和"中转站"。这里还是深圳湾最后的一片原生红树林湿地。

　　保护区管理局自2014年起与红树林基金会（MCF）合作开展以福田红树林保护区为场域的自然教育。2014年底，福田红树林保护区自然教育中心（以下简称"保护区湿地教育中心"）正式成立并挂牌，成为深圳市第一批成立的自然教育中心。而后，2015年获全国首批自然学校（环境保护部）、2019年全国首批自然教育学校（林学会）。从创立至今，保护区湿地教育中心发挥地处城市腹地的便利优势，主要面向普通公众开展包括湿地导赏、自然讲堂等的湿地教育活动。随着工作的深入发展，中小学生逐渐成为保护区湿地教育中心的重要目标访客。到2019年，在多方努力下，深圳市福田区的中小学生终于可以在工作日进入福田红树林保护区开展实地环境教育课程，这标志着深圳的中小学生湿地教育已从学校走向户外、走向湿地，是环境教育课程以新的面貌与现行中小学正规教育体系结合的有益尝试。

2018年保护区湿地教育中心成为福田区中小学生态文明建设教育基地

二、中小学环境教育课程建设推广

　　有别于多数国家级自然保护区远离城市、不易到达的特点，福田红树林保护区地处深圳市福田区核心地带，交通便利，与福田区多数学校的车程都在半小时左右，特别适合作为中小学生的日常湿地教育基地。在工作日开展中小学环境教育课程，还可以避开节假日人流的干扰。

（一）进行教师调研、引进成熟课程

为了摸清在职教师对带领学生参与湿地教育中心举办的环境教育课程的想法，2017年，红树林基金会（MCF）完成了《福田区户外环境教育分析调查报告》。在调研中发现，教师带领学生外出常见的困难包括户外安全风险、教师缺乏户外教学经验、教师与学生课业繁重等。推动中小学生走进湿地，需要向学校教师提供与学校课标相结合的、有体系的环境教育课程，并且需要专业老师上课。针对安全责任，可以通过编制安全预案、进行安全评估以及讲师急救培训、购买意外保险等多种方式应对。同时，通过引进国际上成功的"水教育"课程，福田红树林保护区开始启动面向学校的湿地教育。

（二）举办教师培训、着手课程本土化

2018年，福田红树林保护区和红树林基金会（MCF）引进"水教育"课程的同时，开始进行教师培训。在此期间，福田区教育局给予了大力支持，不仅将教师培训内容纳入教师继续教育学时体系，还授予保护区湿地教育中心"福田区中小学生态文明建设教育基地"称号，为日后中小学生走进湿地打下了基础。经过多次的实践和教师培训反馈，红树林基金会（MCF）吸纳各学科优秀教师组成编写小组，并与人民教育出版社合作，出版了本土教材《神奇湿地——环境教育教师手册》。从保护区的角度，该书提供了能够为多数湿地宣教人员所用、解决本地环境问题的课程；从教师角度，该书提供了便于实操的体系化、多学科融

2018年在保护区湿地教育中心举办的在职教师培训

2018年12月《神奇湿地——环境教育教师手册》编写小组会

2019年学校项目正式签约仪式——福田区中小学生可以在工作日进入湿地教育中心学习

中学团队在保护区湿地教育中心课后合影

合的环境教育课程；从教育管理部门角度，它也是一本可全面推广的环境教育教材。为筹备中小学进入福田红树林保护区上课，福田红树林保护区和红树林基金会（MCF）还同期研发了以红树、潮间带和鸟类为主题的学生用手册《福田有片红树林》。

（三）四方签约，理顺工作路径，扩大影响力

2019年5月，经过不懈努力，福田区教育局、福田区科学技术协会、福田红树林保护区管理局与红树林基金会（MCF）共同开启了

小学课程《鸟儿小管家》
为每位小学生配发的教学
小书包，包括知识读本、
学习册、户外坐垫、双筒
望远镜、垫板

2020年湿地座谈活动，福
田区教育科学研究院陈威
主任在会上发言（左一）

"红树林自然科普课程"走
进福田区华新小学，保护
区工作人员胡柳柳正在与
学生交流（图片来源：福田
红树林保护区）

"2019年福田区中小学红树林科普教育活动"（以下简称"学校项目"）。每个学期的每周三、四下午，福田区中小学生都可以进入福田红树林保护区接受湿地教育课程。从2019年6月5日首课到2021年1月16日，共有来自福田区29所学校的80个班级3714名中小学生参与了课程。与此同时，深圳其他辖区的学校也积极联络，期望学校项目能够扩大至深圳全市中小学。

三、发展中的困难、困惑与思考

（一）发挥项目各方优势，保障项目长期开展

湿地教育，归根结底是教育，不能脱离现行的教育环境和教育体系。保护区开展学校项目是一个长期的过程，需要发挥各方优势以形成合力，从资金、人员、课程、宣传等多个方面保障学校团队进入湿地开展长期课程。

（二）现行学校大额班制与教学人员数量不足

学校经常希望活动能够在同一时间让同一年级的全部学生参与。但每个年级的学生人数一般在400～600人，很少有湿地教育中心能够为这么多人提供教学服务。何况，福田红树林保护区的地理位置特殊，受到边境管理的要求，每天进入的人员总数最多160人，不可能在这里组织年级活动。

开展面向学生的湿地教育活动以体验、互动为主，对师生比有一定要求。按深圳一般班级人数50人，每次课程至少需要配备主讲和助教各一人，这对教学人员的活动组织能力是很大挑战。

目前从两方面应对人员不足：①发展兼职讲师补充教学人员数量；②提前就课程内容与学校带队教师沟通，变带队老师为"助教"，激发他们更多参与课程教学的热情。此外，在课前与学校带队教师的沟通应使其充分理解，来湿地教育中心上课与普通的观光活动不同，需要遵守教学要求。

（三）学校项目对工作人员的专业性提出了更高要求

学校项目面向1～9年级，包括鸟类、红树和潮间带3个主题。同一主题，针对不同年级，需要根据相应课标研发不同的课程。研发人员需要熟悉中小学各学段课程标准，还要能结合环境教育的内容和工作方法，设计出有效的评估方案以提升课程质量。一门课程的正式推出要经过研发、试课、讲师培训等多个环节。这些都对工作人员提出了较高的专业要求。

红树林基金会（MCF）对学校兼职讲师团队进行室内培训

（四）好课程需要好"营销"

　　参加保护区湿地教育中心的环境教育课程，尚未成为中小学教育的"刚需"。尽管福田教育局已以文件形式建议各中小学校参与活动，但启动初期，课程报名并不理想。2020年起开展的校长、教师参访活动，使校长们能够亲身体验湿地教育中心的各项基础设施、上课条件以及课程详细内容，对于吸引学校报名有一定帮助。湿地教育中心的工作人员需要更有创意的"营销"活动，把课程推介给更多的校长和教师，获得他们的理解、支持和参与。

《走进海上森林》课程对学生进行的前测

《走进海上森林》课程对学生进行的后测

构筑稳定多元的收入结构

——福田红树林生态公园湿地教育中心

从福田红树林生态公园遥望深圳湾城市天际线

一、概述

　　福田红树林生态公园（以下简称"生态公园"），面积38公顷，位于新洲河与深圳河交汇处，西边紧临福田红树林保护区；南边一河之隔，是国际重要湿地香港米埔自然保护区。与此同时，生态公园北边是深圳城市核心福田区，人口稠密。如同一把"深圳湾的小钥匙"，生态公园既要"守护"深圳湾红树林滨海湿地的生物廊道及其中的自然生灵；同时，还要开启公众亲近湿地、了解学习湿地保护之门。

　　生态公园是深圳市福田区政府探索社会治理模式创新的试点，以"政府+社会公益组织+专业管理委员会"的公园管理模式成为国内第一家由民间环保机构托管的湿地公园。红树林基金会（MCF）（以下简称"基金会"）受托管理生态公园，秉承公园去同质化理念，将日常综合管理、生态环境保护和自然科普教育相结合，打造园区"生态"特色。由政府拨付财政经费支撑园容设施、安全保障等基础运营工作，由基金会发挥整合社会资源和公开募款能力，自筹资金用于生态环境保护和自然科普教育工作，在政府投入的基础上做增量。

　　在生态公园开展生态环境保护与自然科普教育，符合基金会"人与湿地，生生不息"的愿景，也是生态公园作为基金会"守护深圳湾项目"示范点的重要工作内容。

　　2015年生态公园开园后，随着园区生态环境保护工作的进行，如园区土壤改造、淡水湿地修复、老河口生境提升、清理外来物种等，以及组织公众进行外来物种清理、海漂垃圾清理、自然力乐园建设等自然科普教育活动的开展，基金会积极筹措资金，以补充政府投入，实现生态公园生态环境保护和自然科普教育资金社会化募集。

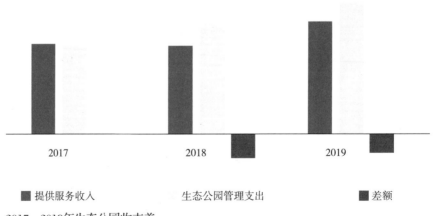

■ 提供服务收入　　生态公园管理支出　　■ 差额

2017—2019年生态公园收支差

二、构筑多元收入的可持续发展之路

生态公园要实现"一个可持续的、生生不息的生态公园"的长期愿景，离不开稳定的多元化经费来源。

在生态公园发展捐赠文化，借助公众力量共同推进生态环境保护和自然科普教育工作，是解决公园发展问题的一条思路。我国正处于从传统慈善理念向跨越熟人边界的现代慈善理念的转型期，尤其像深圳这样在全国经济领先的城市，公众对现代慈善理念的接受程度较高，更有意愿将善款投入通过社会组织去运作解决社会问题的公益项目。生态公园具备了推行公园捐赠文化的经济和文化基础。

基金会针对我国对捐赠主体的主要类别，即企业和个人，开发了不同的捐赠项目[①]。

1. 面向企业的捐赠体系建立

自成立以来，基金会一直受到爱心企业的关注与支持。从2016年起，面向企业的筹款逐步走向专业化：通过推动企业社会责任（Corporate social responsibility，CSR）的体验式活动，把企业或团队捐赠引向更深度的合作机制，开发出一套"公益事业合伙人体系"，并将企业捐赠从一次性的"活动式"向长期的"项目式"转化。这使得生态公园能够在政府购买服务收入之外，获得支持生态环境保护和自然科普教育工作的长期稳定资金。

企业员工在生态公园参与CSR活动

① 生态公园的捐赠资金来源还包括各类关注环保领域基金会的项目资金支持。

企业员工在生态公园参与CSR活动（续）

2. 面向个人的募款渠道布局

相对于组织捐款（包括企业捐款、政府财政经费、基金会捐款等），公众捐款更具稳定性、持久性，有助于保持公益组织的独立性。对于基金会一直致力于打造的社会化参与的生态保育和教育模式而言，公众捐款也是其中的一种重要形式，是生态公园长期可持续发展不可或缺的重要力量。

（1）尝试互联网公益平台募款　2004年，我国出现互联网募款的形式。庞大的网民数量、智能硬件的普及和移动支付占比的迅速提升，令中国公益行业有机会借助移动互联网实现低成本连接，撬动大规模公众参与，同时也吸引了社会资本投入"互联网+公益"市场。经过十几年的发展，到2018年，互联网募款规模迅速扩张，前十大互联网平台募款总额约为30.6亿元。从2016年起，基金会也开始尝试在阿里巴巴公益、

公众参与活动佩戴的胸牌背面为月捐信息

基金会会长王石成为候鸟护航员计划月捐大使

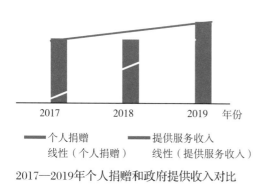

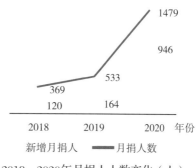

2017—2019年个人捐赠和政府提供收入对比　　　　2018—2020年月捐人人数变化（人）

支付宝公益、腾讯公益、新浪微公益、帮帮公益等主要互联网筹款平台上筹款。增加筹款收入的同时，建立项目面向C端用户的社会影响力。

（2）大力发展月捐人队伍　定期定额的合约型的个人捐赠形式，有利于推动受赠机构的平稳和可持续发展。在我国，合约型捐款以月捐为主要形式。基金会利用多种机会发展新的个人月捐人。月捐人招募信息渗透到生态公园的各项工作中，如教育活动参与者的挂牌、公众微信文末、机构印刷品上。利用到捐赠企业内部进行宣讲的机会，以企业捐赠为起点，在捐赠企业内部发展个人月捐人。此外，在关注生态公园发展的核心支持群体中，以发展月捐大使的方式，借助其社交影响力，将捐赠者或支持者转化为劝募人角色，影响更多的身边人加入捐队伍中。通过上述方式，月捐人的队伍在不断扩大。

3. 建立捐赠反馈机制

对项目进展信息的跟进和反馈，主动将捐款者与受益项目强关联，能够使捐赠人通过了解项目，提升公众责任感、获得感和对捐赠项目的自豪感和认同感，为捐赠行为的持续性和项目进一步的宣传奠定基础。

为月捐人定制的双月项目进展简报　　　　月捐人保护地探访活动公布在双月报中

随着企业和个人捐赠人数的增加，基金会从过去向捐赠人常规性地推送机构进展，开始为捐赠人定制项目信息，并以双月报的方式发送。在对公益筹款项目财务信息披露和项目进展要求更严格的互联网筹款平台上，也确保回应平台信息披露的要求，让捐赠人接收到——"你的支持"带来的"我的行动和改变"。

三、打造生态公园的捐赠文化

生态公园作为"守护深圳湾"项目的示范点，接收的捐赠资金用于园区内的生态环境保护和自然科普教育工作。为发展企业公益合伙人，

诗意小径中展出的一首诗

生态公园标识捐赠人信息的长椅

陈列在生态公园科普展馆的捐赠"心意墙"

先后开发了"诗意小径""企业荣誉心田""荣誉园长""荣誉校长"等筹款产品。对捐赠人的感谢和捐赠信息的露出，体现在生态公园工作的方方面面，如公园设施、学生教材、节庆海报。尤其是在生态公园的科普展厅中，特别设置了捐赠心意墙。

类似"诗意小径"这样的筹款产品，提升了生态公园的文化氛围，让游园的普通访客在体验美好自然环境的同时获得文化上的熏陶。普通访客从露出的捐赠人信息中，可以认识到正是有各类捐赠人——生态公园发展的幕后支持者的存在，生态公园才获得了"生生不息"的发展动力。这些思考将促进普通访客在日后的筹款、志愿者参与等活动中的主动行动，进而实现生态公园培育公众社会责任、争取更多支持生态环保发展力量的目标。

四、发展中的思考

一次性的捐赠可能源于捐赠者的冲动，实现持续捐赠保证机构持续发展，才是我们所要追求的目标。捐赠人，无论是企业还是普通公众，从认识一个公益机构，到最后完成捐赠行为，以及在一定时间段持续为机构捐赠，需要一个较长期的过程。募款的公益机构需要创造机会，让潜在捐赠人得以深入了解机构和机构开展的公益项目，同时用项目进展、项目成果打动他们，建立他们对机构执行能力的信任、对项目愿景的期待，从而培养潜在捐赠者与机构之间深入的情感，再利用一定的契机完成从潜在捐赠人到实际捐赠人的转化。这个过程充满挑战。

作为一个环保公益组织，环境改善的时间尺度也许是十年、二十年，甚至上百年，有时候很难像其他议题如扶贫项目或大病医疗项目，短期之内让捐赠人看到切实的效果或成果。需要举整个机构之合力，将项目人员的努力、机构外研究机构的研究成果整合，让捐赠人看到项目未来愿景实现的可能性，加强捐赠人对机构的信任，提升对捐赠项目的信心，巩固持续捐赠行为。

对于公益机构、环保事业而言，更广泛的公众的长期支持，积累"忠实粉丝"，是长远发展的必由之路，也是机构抵御风险的重要支持力量。因此，需要长期投入打造月捐产品，从前期的信息数据管理到后期月捐人的转化、维护、活动开展等，都需要公益组织提升专业能力，培养专业人才队伍。

案例八

诞生在台北的湿地教育中心标杆

——台北关渡自然公园

俯瞰两河交汇处的关渡平原

（图片来源：台北关渡自然公园）

一、概述

关渡湿地位于台北市的淡水河与基隆河的交汇口，是重要的候鸟栖息地。但历史上这片湿地也曾因城市发展而受到严重影响。关渡自然公园成立于2001年12月，由台北市主管部门委托给台北野鸟会进行管理。这里也是台湾首个交由社会组织进行管理的自然保护地。

经过20年的精心修复及管理运营，关渡自然公园已经成为国际重要的水鸟栖息地、公众亲近自然的湿地教育中心，以及面向社会进行湿地宣传的优秀模范。作为成功的城市湿地中心，很多亚洲其他地区的湿地都将其视作学习的榜样。

现在的关渡自然公园，是广受认可的"城市之肾"和"城市之肺"，是鸟类、昆虫、两爬、鱼类及植物的自然家园。这里栖居着超过830种的动物，其中包括超过120种的鸟类。同时，关渡自然公园将湿地教育放在重要的工作位置。公园针对学校、公众、企业、营地等不同访客群体设计不同的教育活动，并基于已有工作建立起台北地区湿地教育资源网，以支持更多学校教师及湿地教育人员开展工作。关渡公园的营销传播工作也做得有声有色。例如，持续10年以上的"关渡国际自然艺术季"开创了台北市重要的人文生态品牌；每年艺术季期间，公园邀请各国艺术家在公园内带领市民参与设计及制作自然艺术作品，并面向公众进行展示及宣传等活动。

二、湿地教育（CEPA）在规划中的重要意义

与很多成功的湿地中心类似，关渡自然公园的地理位置贴近城市与人群。巨大的繁忙都市与密集人口会对城市中的自然栖息地带来威胁，但却是进行湿地教育和公众宣传的良机。只要能够善用教育和传播的手段，提升公众对于湿地价值的了解和认识，就是湿地教育中心成功的基础。在这一点上，关渡自然公园在成立之初就有清晰明确的认识，从愿景、使命、总体规划到具体项目中无一不体现教育和传播的内容。经过20年的实践，不断迭代、完善、升华，关渡自然公园对于湿地教育中心的工作已经建立了完整而专业的结构体系，取得优秀成绩。

1. 以湿地教育回应湿地保护的愿景

经过多年的经营管理经验，关渡自然公园在2019年提出了以下6个经营愿景，并且以此6项愿景，去规划设计后续环境教育工作。

愿景一：维持台湾重要湿地生物多样性之生态环境。

愿景二：推动湿地明智利用之示范场域。

愿景三：推广湿地价值之环境教育中心。

愿景四：引领民众亲近自然之服务场域。

愿景五：倡导生态保育之自然艺术中心。

愿景六：串接东亚伙伴交流之湿地中心。

可以看出，从愿景的第三项到第六项内容，都与教育和传播宣传相关。依据不同的目标群体，以CEPA所提倡的湿地宣教目标作为参照，在各个尺度上有效地利用宣传、教育、参与以及意识提升，推广湿地的价值；促进公众更有意愿与能力为湿地的合理利用而行动。

2. 制定环境教育的执行策略

台湾地区为支持环境教育发展，自2010年开始颁布了环境教育相关法规。关渡自然公园既是湿地教育中心，同时也是经过认证的重要环境教育场所。因此关渡自然公园的湿地教育工作运用了很多环境教育专业的理论和工具，并制定出详细的策略，主要包括以下内容。

（1）环境教育主题以湿地为中心　基于关渡自然公园的经营核心与环境特色，关注的环境教育主题为湿地环境，可归纳成五大项。

环境教育主题及内容

主题	内容
何谓湿地	湿地的定义、湿地的科学、水循环、湿地的形成元素、湿地的土壤、湿地的类型、湿地的演化等。
湿地生态作用	湿地植物、湿地动物、湿地生态系统以及湿地生物多样性等。
湿地生态服务功能	防洪、防止土壤流失、保水、水污染处理、生物栖息地与食物的提供等。
湿地与人	人类资源的提供、人类教育研究与休闲的场所、文化与湿地、历史与湿地、艺术与湿地、政策与湿地、现代社会与湿地等。
湿地威胁与保护	湿地所受到的威胁、保护湿地的技能与策略、爱护湿地实际行动。

（2）环境教育的执行策略　关渡自然公园环境教育的执行策略就是通过以湿地保育和合理利用为核心的各类环境教育方案，提升公众对湿地价值、湿地保育和湿地合理利用的理解，从理解进而达成支持湿地保护的行动。这些湿地环境教育方案秉承环境教育的五大目标，从环境觉知与敏感度、环境概念知识、环境价值观与态度、环境行动技能与环境行动经验五方面，提升公众行动力。

三、湿地教育规划完成后的工作执行

1. 教育方案执行

（1）以园区的环境与生物资源作为方案的基础内容并定期修订　环境教育强调在真实环境中进行教育（in environment）；教育有关于环境

针对学校团队的户外教学（图片来源：台北关渡自然公园）

的知识、态度、技能（about environment）；并且为了实践永续环境而进行教育（for environment）。

（2）发展适合不同年龄与族群的方案　关渡自然公园的环境教育主要对象包含政府机关、学校师生、一般大众以及专业人员。融入湿地保育与合理利用的信息与议题，与在地组织团体合作共同进行推广活动，配合政府的湿地保育政策举办活动或进行倡导。

2. 教材研发

持续依教育方案及不同目标群体进行规划及研发适用的教材、教具，以环保耐用为优先考虑，并以多元并富创意为研发方向，形式包含图鉴、图卡、书籍、手册、影音出版品、实验操作组、演示操作组、布偶、头套等，教育纪录短片上传至新媒体平台，以扩大教育传播与应用范围。

讲述关渡故事的自然小剧场即将开演

3. 人员培养

环境教育人力是推动环境教育的要素之一，可分为正式编制及非正式编制两类人员，按推广活动与课程执行的要求，持续进行各项能力建设和培训。

正式编制人员主要是专职教育人员，教育训练规划分为新进人员训练、部门训练与全员训练3项。非正式编制人员则包括志愿者、大专院校实习生等。

关渡公园志愿者在野鸟博览会现场服务

志愿者在湿地的日常导览

4. 现场设施与展示

依关渡自然公园的环境特色与成立宗旨，建制完善完整的教学硬件、展场设施及自导式信息。

①各项解说设施以湿地生态及关渡人文为主轴，充分反映园区生态与地理特色及环境，配合交互式的解说设施，让参观者在感到有趣之余，对湿地生态也有基本的认识。

②适时更新展示或推出特展、课程及活动方案，吸引参访者回流、持续使用湿地教育中心的服务。

有关关渡历史今昔对比的解说牌

野鸟博览会期间关渡自然公园周边公交车身大幅广告宣传

③现场及活动使用的场地、设备与器材的规划布置实行友善环境措施。

5. 交流与发表

①持续参与湿地教育的各项交流活动：通过与国内及国际湿地教育中心的持续分享、培训和技术交流，提高CEPA各项活动在实践湿地保育和永续发展目标上的重要性与成效。

②提供经营湿地教育中心的专业咨询：以多年运营关渡自然公园的经验，分享在运营管理与教育工作上的成果与相关信息，供国内外其他新兴或正在创建的湿地教育中心参考。

③扮演台湾指标性水资源及湿地环境教育中心的角色：以台湾水资源教育教学网络计划及湿地相关计划协助其他单位进行教育活动，引领其他伙伴单位与国际相关单位联系与合作。

学生正在进行"水资源"主题课程
（图片来源：台北关渡自然公园）

四、发展中的思考

　　谈及未来，关渡自然公园设定了以下目标，以建构成一个更好的湿地教育中心。

　　①以友善环境为目标，执行共融场域规划，建置适合不同年龄访客的来访区域，感受园区内舒适与健康的环境。

　　②发展独特性指标，建置品牌形象并展现场域差异化，让一般民众知悉来关渡自然公园可以参与环境教育活动，或亲近森林、湿地、农田场域等活动内容。

　　③成为国内外旅客接触台北自然生态地景的重要示范场域，借由游客亲近土地，重塑人与土地的关系，并且为环境创造新价值。

　　④根据湿地四季不同条件，为湿地生物持续营造生态空间，在水域及陆域的间界形成各种生物所需的生态空间，以自然资源的利用来解决现阶段园区在湿地所面临的问题。

　　⑤建立资源循环教学场域，将园区内森林及湿地场域内大自然废弃物循环利用，除了曾作为园区内国际艺术节的艺术品材料之外，也将利用这些天然的材料设计相关环境教育课程及活动，以达成园区天然场域零废弃物的目标。

以教育活动支持湿地保护目标

——香港米埔自然保护区

米埔自然保护区包含鱼塘、红树林等多
种湿地生境

一、概述

谈起香港，人们总会提到这是亚洲国际金融中心，人口密集，脑海中不由浮起一幢幢高楼大厦及维多利亚港璀璨夺目的夜景，并且到处都是购物美食天堂。有谁想到这块只有1000多平方千米的弹丸之地，竟有四分之三仍是还未开发的土地。她有着迷人的山水风景，草坡茂林，群山叠岭，总海岸线接近1200千米，各式各样的生境都能在这小小的地方找得到。加上位处热带及温带之间，令香港能够拥有丰富的生物多样性。这里分布着约3000种开花植物、55种陆栖哺乳动物、超过100种两栖和爬行动物、200种淡水鱼、128种蜻蜓、245种蝴蝶，以及550多种鸟类，相当于全中国三分之一的鸟类物种。

面向着近年发展蓬勃的深圳经济特区的香港西北角落，是一片称为"水鸟天堂"的沿岸湿地——"米埔内后海湾"。当中包括天然泥滩、红树林、潮间带基围及养殖鱼塘等多样化生境，是东亚地区数以万计的水鸟不可缺少的中转栖息及越冬地。这片湿地是东亚—澳大利西亚迁飞路线（The East Asian–Australasian Flyway，以下简称"EAAF"）的重要驿站。EAAF是世界上9条迁飞路线中鸟类数量及种类最多的路线，当中的受威胁物种也最多。世界自然基金会香港分会（以下简称"WWF–香港"）一直致力于米埔内后海湾的保育工作，使其能够持续为EAAF上的迁徙水鸟提供栖息地、保护受威胁的本地生物多样性，并确保米埔有适应气候变化的能力。

米埔内后海湾共380公顷的湿地被划为自然保护区，香港政府自1983年起委托WWF–香港进行湿地生境保护管理和自然保护宣教工作，使华南地区硕果仅存的潮间带传统养殖虾塘（基围）能保留起来，并能向大众展示善用湿地的案例。从米埔自然保护区成立，这片湿地就成为一个理想的户外教室，帮助人们了解湿地保育知识及其重要性。

二、从保护目标出发制定湿地教育规划

WWF–香港在米埔开展的保护管理和宣教工作是基于其制定并经过香港渔农自然护理署（以下简称"香港渔护署"）同意的保护管理计划。

1995年9月，香港政府根据《国际湿地公约》，把米埔内后海湾共1500公顷的湿地列为国际重要湿地。香港渔护署负责编写并实施拉姆萨尔国际重要湿地的保育策略和管理计划，该计划确定了香港米埔自然保护区的管理内容。WWF–香港在米埔管理委员会的建议下制定米埔自然保护区的5年管理规划。米埔管理委员会成员包括政府部门代表、大学

学者、中小学校长和老师、青年团体代表、非政府组织代表及生态保育专家等监督保护区的各项保育及CEPA工作，并提供整体的管理指南。

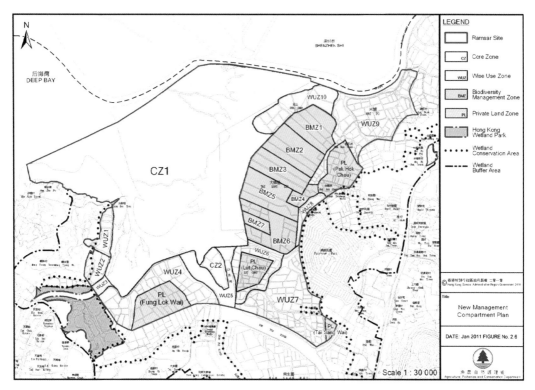

国际重要湿地划分的4个管理区域，WWF-香港管理"生物多样性管理区"即图示BMZ部分。这一区域是为水禽，包括涨潮时的涉禽提供栖身场所，并在严格管理下推行生物多样性保育、教育和培训工作

　　根据《米埔自然保护区管理计划：2019—2024》，米埔自然保护区愿景：米埔自然保护区是澳大利西亚候鸟迁飞区迁徙水鸟的重要停歇地和越冬地；支持香港湿地中受威胁动植物保护的核心地区；是受到利益相关方支持的环境教育和湿地管理培训的区域中心。基于这一愿景制定的长期目标，除湿地生境管理、监察及研究、减少外来威胁和湿地培训等目标外，还明确提出了湿地教育方面的主要目标，即提高公众对湿地及其重要性的保护意识，提供公众可以参与相关活动的渠道。

　　米埔自然保护区首先制定了针对不同访客的教育目标：

　　①能够让中小学生了解如何在日常生活中与包括湿地的自然系统互动，并鼓励他们采取保护行动；

　　②能够与青年团体结成伙伴关系，为青年人提供参与米埔研究与监

测的项目，培养他们成为公民科学家；

③能够提升当地社区民众对湿地重要性的认识，包括它在保护生物多样性、保护传统文化以及在自然保护与应对气候变化中的角色定位，并给予更多支持。

为达到以上目标WWF–香港通过以下三大策略，开发出丰富多样的湿地教育活动。这三个策略如下：

①针对中小学生及教师，以米埔的自然环境及教育设施作为提高其湿地保护意识的关键平台，进行各种配合正规课程的学生户外学习专题体验活动、教师专业发展项目以及学校外展教育活动；

②针对青年团体和大专学生，通过提供各种"公民科学"研究与监测项目，吸引和激励青年人参与保护行动，激励他们成为可持续发展的倡导者；

③针对社区民众，以生态导赏团社区活动项目为基础，组织目标为公众、家庭、儿童及企业的教育活动。

2021年针对当地大众的"步走大自然"活动海报

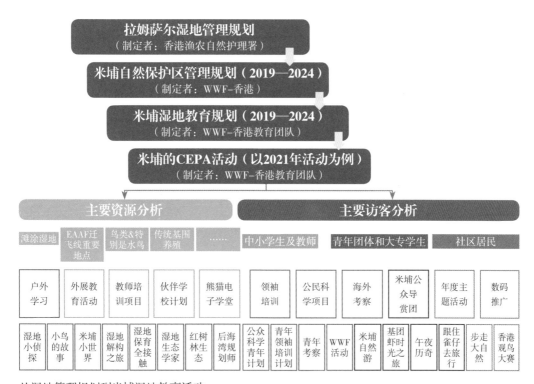

从湿地管理规划到米埔湿地教育活动

三、在课程和活动设计中贯穿保护目标

每年到访米埔的民众，其中一半为学生。学生到访米埔自然保护区，与一般的游玩不同，是带有特殊学习目标的学习活动。米埔湿地教育中心期望学生通过体验式学习活动，以米埔内的一草一木、野生生物如水鸟作为真实教材，在工作人员的带领下进行主动学习和生活反思。

学生在米埔有机会真实体验米埔的生境管理及生态调查工作，在保育湿地上做出直接的贡献。在米埔湿地教育中心的协助下，参访学校还可以举办不同的延伸活动，以进一步巩固学生们的经验，帮助他们将所学实践于学校及日常生活当中。

米埔湿地教育中心提供的课程兼顾了学校课程的教学目标，更容易为学校和教师所接受。其中，涉及的正规学校课程包括人与环境、生物与环境、社会与公民、应用生态学等教学领域。同时课程要体现米埔独特的保护目标和对米埔独特自然与人文资源的分析。

小学生正在米埔自然保护区进行户外课程

中学生正在协助开展生境管理工作

不同年级的湿地课程与学校学习领域的衔接

　　以面向小学四至六年级学生的"小鸟的故事"为例，该课程根据对米埔教育资源的盘点和梳理，选取米埔常见越冬濒危鸟类黑脸琵鹭作为课程主题，通过角色扮演的方式，让学生了解湿地对于人类和野生动植物都极为重要，增进学生对湿地和大自然的兴趣和了解，认识湿地保护工作的重要性。

课程的学习内容既包括知识性，如米埔常见水鸟，特别是黑脸琵鹭以及这些水鸟是如何适应米埔湿地环境，面临何种生存威胁，从中带出可持续发展和保育的概念；也包括非知识性内容，如观察能力、小组合作能力、正向思维以及表达、沟通分析能力。整个课程的设计贯穿了对环境教育五大目标中知识、技能和态度的学习，这些目标以问卷的形式在课程开始前及结束后进行教学评估。

"小鸟的故事"配套教材及教具分数卡示例

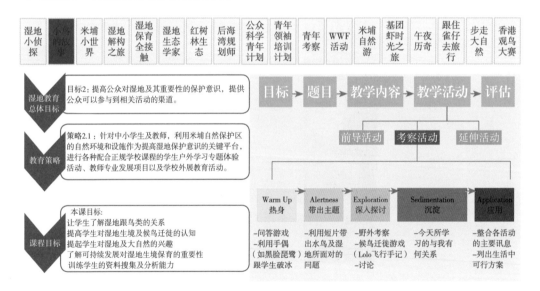

"小鸟的故事"课程目标及活动组织

世界自然基金会

淡水及湿地中学教育项目–学生认知 及态度问卷调查（部分）

多谢支持世界自然基金会淡水及湿地教育活动。请于活动前填写甲部，并于活动后将乙部及丙部完成。离开前请把填妥的问卷交予本会职员。多谢合作。

同学在填写下列表格前，不需作任何资料搜集：

活动日期：＿＿＿＿＿＿＿＿＿＿上午/下午/全日（请将不适用的删去）

甲部（请于活动开始前完成）

（一）请指出以下的句子是否正确，并于合适的方格内填上√：

	正确	错误
1 水塘是湿地	☐	☐
2 米埔的湿地全都是天然的。	☐	☐
3 米埔及内后海湾被列为拉姆萨尔湿地。	☐	☐
4 红树常见于淡水生境。	☐	☐
5 红树生长在稳固的土壤上。	☐	☐
6 雀鸟会于鱼塘觅食。	☐	☐
7 基围只出产基围虾。	☐	☐
8 黑脸琵鹭于香港繁殖。	☐	☐
9 米埔受到深圳发展的威胁。	☐	☐
10 湿地能净水。	☐	☐

（二）请细读以下句子，并选择合适等级的方格内填上√：

	同意	不同意	不知道
11 湿地对我很重要。	☐	☐	☐
12 湿地是很多野生动植物的家园。	☐	☐	☐
13 湿地正受到人类活动的严重威胁。	☐	☐	☐
14 我会身体力行去保护香港的湿地环境。	☐	☐	☐
15 我支持以可持续方式使用湿地的资源。	☐	☐	☐
16 我享受户外学习活动。	☐	☐	☐

湿地课程教学评估问卷（中学版）

本案例所有图片均由WWF–香港提供。

案例十

—— 英国伦敦湿地公园

从废弃水库到湿地教育中心之路

伦敦湿地公园位于泰晤士河沿岸

（Connor Walsh 摄）

一、概述

伦敦是世界上最大的都市之一。伦敦湿地公园既是自然保护地，也是观光景点和湿地教育中心。这片占地40多公顷的湿地，让访客可以在距离伦敦市中心不远的地方，体验珍稀独特的湿地美景，与各类野生生物亲密接触。同时，这里也是人类与野生动物享受宁静的庇护所。湿地常客既有受到保护的各种水鸟，也不乏社会名流，他们的豪宅和这里比邻而居，以实际行动为这片宝地代言。

自2000年对公众开放以来，伦敦湿地中心已成为各种鸟类、两栖动物、哺乳动物、昆虫以及450多种植物和200多种大型真菌的家园。每年有超过1.8万名学生来此参观，接待访客超过17万人次。湿地内修建有600多米的木栈道，3400米的步行道和27座桥。

伦敦湿地公园位于泰晤士河沿岸，从城市废弃水库改造而来。主导改造的英国野禽与湿地基金会（以下简称"WWT"）追求卓越，制定了清晰而明确的规划，既满足环境最低影响化，也能够回应周围富裕住宅区居民不干扰房价升值的需求。因此这一创建实施过程精细、复杂又耗资巨大。

二、规划及建设

WWT的创始人彼得·斯科特爵士，在离世前帮助WWT进行战略转型。根据他从乡村地区转变为向都市扩展的战略方针和机构文化，伦敦成为建设湿地生物多样性保护和教育绿洲的理想地点。20世纪80年代后期，WWT规划委员会根据机构"让人与野生生物重新和谐相处"的新战略目标，在英国寻求一个全新的访客中心。而在场的所有人几乎都将目标指向伦敦。

这一战略也与当时伦敦泰晤士水务公司的需求相一致。由于城市用水需求的转变，改为管道供水后，留下了一个高于地面的原用于地表供水的废弃水库。许多水鸟已经把这里作为栖息地使用，WWT曾建议将这里作为具有特殊科学价值的保护小区（Site of Special Scientific Interest，SSSI）。这就意味着水务公司须依法对该地持续供水。在这种情况下，泰晤士水务公司便想寻找保护组织合作，以创造出一个自然保护地。

彼得·斯科特爵士和泰晤士河水务公司深入交流后决定合作该项目，并于1988年组建了一个项目研发和实施团队，该团队中包括水文工程师、土木工程师、建筑师、生态学家、景观设计师、教育工作者和解说设计师。

伦敦湿地公园鸟瞰图，右下角的住宅区为原水库北的一部分，设计风格与湿地中心保持一致，最大限度降低人类活动的影响（Connor Walsh 摄）

经核算，WWT预计该项目的预算将达到1500万英镑。这远非WWT和泰晤士水务公司能够负担的，需要进行筹款规划并寻找第三方伙伴。通过生态调查，该项目北边生态价值较低，可以开发为商业地产项目。随即，WWT和泰晤士水务公司向当地主管部门提交用地申请，获得地方政府许可，以吸引其他合作者加入，并通过商业地产为项目提供资金。

在获得政府许可的过程中，双方的专业人员需与熟悉当地情况的官员协同合作。WWT发挥自身丰富的与不同利益相关方合作沟通的经验，用充分考虑当地情况的工作方法，使项目地社区很快认同了他们的保护理念和决心。1991年，建设自然保护地的申请得到批准，但政府规定了严格的施工要求：施工过程应做到最小限度影响环境；只有新建筑的建设材料才能运输进场；且既不能将外部土方运输进场，也不能将原有废料运出。

然而社区对商业住宅的开发和建设心存疑虑。又花了两年时间，并比原申请住宅量减少100套，住房开发方才获批。大多数房屋在建成前就已出售，为项目建设提供了1100万英镑资金。其余的资金由WWT另外创建的筹款团队负责筹集。此外，为保持视觉一致性，在保护地项目和住房项目中，聘请了相同的设计师来设计访客中心和住房。对于主要的访客中心大楼的设计，专家们进行了充分的讨论以找到最合适的风格。

WWT认为新的保护地，既可以保留开放水域特征，又可以成为复合湿地，这与之前这里成为SSSI的想法一致。废弃水库改造规划受包括

废弃水库经过设计改造，成为适合不同类型水禽的复合栖息地（Connor Walsh 摄）

地方规划要求、水库法案、SSSI的管理要求等多项法规的制约。WWT
要将场地中心4个混凝土水池变成22个不同水位的栖息地。这种对高品
质栖息地的追求也为改造带来了更高的挑战：这需要将水文规划与生态
规划相结合，还包含着场地开始运作后，对于栖息地管理的长期计划。
法规还要求整体降低湿地的水位，这背后又是一个巨大的水文工程。

三、规划执行情况

规划设定了生态和景区建设的目标。依据规划要求，确定了合作的
房产开发商后，便开始分阶段实施计划。

施工过程困难重重。根据政府的施工要求，访客中心和新住房的
建设既不能将外部土方运输进场，也不能将原有废料运出。开发商和
WWT不得不仔细协调，通常将清理出来的泥土先临时放在一个新地点，
之后再快速合理地运用，如营建湿地、修停车场。这样做避免了在创造
新的栖息地的同时破坏原有的栖息地。总计大约有50万立方米的土方
（泥沙和渣土）经过了这样的移动过程。在季节更替中按照这样的标准
进行操作非常艰难，很多场地不得不空等上几个月，直到期待中的湿地
物种可以存活或种好。场地内最多时有40台20吨级的挖掘机同时作业。
其他的施工挑战还包括，在黏土下7米深的地方挖沟，再用挖出的黏土
渣夯实成为高至水位线的黏土墙，而伦敦的砾泥土黏性非常强。

植被和水文管理对于栖息地的开发至关重要。建筑工人和工作人员
共同修建了芦苇床、放牧沼泽、草地、涉禽岛等。首先，设置围栏、沟
渠或其他土坎；然后部分灌水，以测试其承载情况；再进行种植；最后
引水入场。有时，种植前也要先对植被进行清理。志愿者在保证安全的
前提下协助。种植区约一半面积为自然生长区，另一半种下95个品种20
逾万棵苗木。这些地区需要通过不断的试错、观察，进行持续的栖息地
管理，以确定最适合植物自然生长分布的土壤成分、朝向、水位等，同
时防止入侵植物泛滥。

根据SSSI法规的相关要求，整个工程需要保证8公顷的开放水域。
项目北部建造作为泻湖水库的湖泊，并在湖里用混凝土制作一个人工鱼
礁——吸引大量的潜鸭和以鱼为食的鸟类。主湖则雕琢出不同的泊岸和
水深，以提供鸟类可以栖息、繁殖、捕食的丰富空间；主湖外围绕着看
不见的深渠，以保护这里免于受到其他入侵物种的威胁。

经过前3年的学习积累，工作团队已能够迭代出符合场地需要的栖
息地管理执行方案，它既能保持一致，又有一定灵活性。现在已监测到
大约180种鸟类、5种两栖动物和6种蝙蝠。

设置了教学设施的户外教室（孙莉莉 摄）

学生在湿地中心上课（Paul Samuels 摄）

当然，施工期间发生的一些意外，也不可避免地延误了进度。例如工人们在淤泥中发现了二战时期遗留下来的炸弹，抑或是金眶鸻就在推土机的必经之路旁筑巢。这个规划工程始于20世纪80年代后期，之后遭遇了经济大衰退、精细烦琐的地方规划审批流程、新合作关系的创建，以及各种花样繁复的调整变化。直到2000年5月，著名自然纪录片制作人大卫·艾登堡爵士正式为伦敦湿地公园揭幕。

四、湿地教育工作

1. 学校教育

根据教育人员的人力支持情况，伦敦湿地中心可以提供12～20套课程，当然这也取决于本地学校的需求。课程对象从幼龄到16岁（Key Stage 4），但是7～14岁（Key Stage 2、3）人数最为集中。WWT的教育团队还研发了可以共享的各类教材资料，放置在其网站教育版块上，供教师下载。包括：①预约时的准备资料，如"安全风险""教师指引""家长须知"等必要信息。②为了方便学生进行参访前准备或教师带领的自导式学习使用的学习单、图表等；这些内容也可以由湿地教育人员引导学习。③活动结束后，为教师继续在校内授课准备的延伸学习资料。

2. 解说活动

除了以上正式教育活动以外，湿地也提供各类非正式的学习活动。WWT早期曾和两个专业机构进行合作，设计了一系列长期的、移动的，或临时的展项。比如作为小屋墙面装饰的放大的水下湿地绘画，或者有小孩那么大的石蛾幼虫模型，甚至一个人可以走进去的水鼠洞穴场景等。移动式展览则包括一辆背面设有解说展板，并载满各类教具盒子的三轮车，作为移动教学车邀请访客来了解湿地知识甚至参与游戏。

游客服务中心门口的信息板上列有湿地每天开展的活动，供访客选择参与。包括每个周末举办的"小小野兽狩猎"临时展台，落叶中的无脊椎动物、食腐生物观察或者池塘生物采集，以及博物讲解和由志愿者带领的观鸟活动等。

3. 评估

2010年，为了更好地了解访客群体，WWT邀请外部专家对包括伦敦湿地公园在内的多个湿地中心开展了访客调研。调查内容包括游客在活动、信息、环境知识等方面解说内容上的各类需求。调查将访客分为4大类和9个分类进行细分研究。湿地教育、营销团队根据这些细分研究来制订计划、工作目标及预算。在调研过程中，各个利益相关方、工作人员以及志愿者都有不同程度的参与，并从不同角度提供了分析意见。

解说牌中"大使"的拟人化比喻，拉近了人与鸟类的距离（孙莉莉 摄）

五、发展中的思考

　　一个特别具体的建议：为了将整体结构尽早确定，木栈道的建造越早越好，而不是到布局完了再来改动。

　　更抽象些的建议：要有追求，但步步为营，能在种种制约之下保持壮志雄心。这通常需要强劲的跨学科团队。之后，找到尽可能多的利益相关方，去达成最可行的各方妥协的工作方案。

　　WWT的前首席执行官马丁·斯普莱爵士表示，他对伦敦湿地中心唯一感到遗憾的是，没能提供更多可以租用的房间作为活动场地。

　　看看25年前一个废弃的水库，很难想象这个地方会有如此大的变化，变得如此丰富多彩，成为现在这样一个理想的地点。展望未来，试

伦敦湿地中心访客中心前的主湖景观，经过近二十年的植被管理，湿地植物种类繁多、生长丰茂
（Paul Brownbill 摄）

想十年之后。想想我们可以见证多少景观、态度、地理方面的变化。伦敦湿地中心建成时便想到在人行道下面安装光纤电缆，以便于设置网络摄像头，而当时这种设备远未市场化，这是多么前瞻性的做法啊。

对于传统的以物种收集的方式进行保护的认知在逐渐改变；可持续建设更受重视；同时气候变化带来的现实和认知变化也愈加显著。因此，努力为你所在的湿地设计一条生生不息、繁荣永续的道路吧！

资料支持：Robert L. France, Anna Wilson, Kevin Peberdy, Doug Hulyer, Malcolm Whiteside, WWT Consulting。除孙莉莉摄外，本案例所有的图片均由WWT提供。

发展湿地自然学校，助力苏州湿地保护

——苏州市湿地保护管理站

苏州暨阳湖湿地自然学校

苏州沙家浜湿地自然学校

苏州金仓湖湿地自然学

苏州阳澄湖湿地自然学校

苏州荷塘月色湿地自然学校

苏州天福湿地自然学校

苏州太湖湿地自然学校

苏州太湖湖滨湿地自然学校

苏州同里湿地自然学校

苏州三山岛湿地自然学校

苏州湿地自然学校的分布

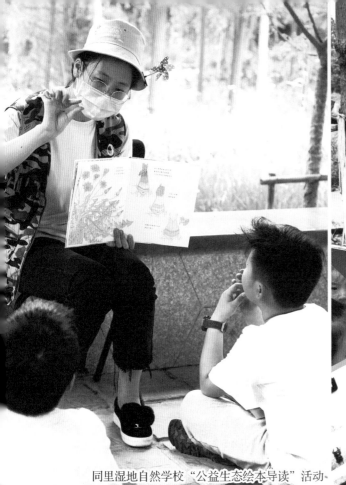

同里湿地自然学校"公益生态绘本导读"活动　　天福湿地自然学校"虫虫课堂"活动

太湖湖滨湿地自然学校"湿地探险家"活动　　沙家浜湿地自然学校的"湿地探秘"活动

一、发展概况

（一）苏州湿地保护

苏州湿地资源丰富，全市自然湿地面积约403万亩，占国土面积的三分之一，内陆城市湿地面积占比全国第一。近年来，苏州大力推进以太湖、阳澄湖和长江大保护为核心、湿地保护小区为主体、湿地公园为亮点的健康湿地城市建设，每年新增受保护湿地2万亩，已建成湿地公园21个，划定湿地保护小区84个，主要指标均名列全国地级市之首。2016年，在常熟举办的第十届国际湿地大会上，苏州全球首批"国际湿地城市"之一。全市湿地生态环境持续向好，鸟类种数呈逐年增加趋势，5年增加了70种，总数达378种。昆山傀儡湖、吴江区太湖等8块湿地已达到国际重要湿地水禽数量标准。2020年，苏州市荣获第二届"生态中国湿地保护示范奖"。

（二）苏州湿地自然学校

2012年，苏州湿地主管部门创新理念，以"感悟自然规律，学习守护湿地"为宗旨，以"阵地+队伍+课程"为架构，把湿地公园建成自然学校，创建了昆山天福、常熟沙家浜、吴江同里等10所湿地自然学校，也是第一批"苏州湿地科普宣教基地"。昆山天福、常熟沙家浜、太湖湖滨和吴江同里国家湿地公园被授予"全国林草科普基地""自然教育学校""精品自然教育基地"等称号。全市湿地自然学校每年开展超300场自然教育活动，服务6万人次亲子家庭、游客、企业团体和社区居民，成为全国行业内的一块"金招牌"。

二、经验与成效

一是机构引领，构建自然学校发展体系。2009年，苏州在全国地级市率先成立了独立建制的湿地保护管理机构，推动湿地自然科普事业较早起步，快速发展。苏州市湿地站发挥行业主管部门优势，建立了"行业引导+企业运作+志愿者助力"的自然学校发展体系，促进自然学校健康发展。苏州湿地站是引导者，主要在政策法规、行业指导、监督管理、组织协调等方面发挥作用；企业是运行者，在自然学校实际运营和管理中起核心作用；志愿者是合作者，在自然教育课程设计、生态讲解员培训、湿地水鸟观测等方面发挥重要作用。目前苏州湿地自然学校志愿者团队已达80多人，有生态学教授、植物学博士等专家志愿者，也有热心市民、学生等普通志愿者，成为推动湿地自然科普的重要力量。

二是行业指导，完善自然学校管理政策。发布《苏州市湿地宣教指南（试行）》，从硬件条件、人员配备、宣教课程、活动等方面对湿地公园开展自然科普提出要求，明确"三个一"：一个专门负责自然教育的部门，一支不少于5人的生态讲解员队伍，一套针对人员、地点、四季的课程。同时，将宣教工作纳入全市湿地公园考核评价体系，将生态讲解员、宣教课程方案、自然教育活动开展情况等指标量化赋分，排名情况以《苏州市湿地保护年报》的形式向社会公布，用行业监管促进自然科普工作良性发展。

三是借鉴经验，加速自然学校发展。加快学习发达地区先进理念和经验，推动常熟沙家浜、昆山天福、吴江同里、太湖湖滨等自然学校与台湾环境友善种子、台湾关渡自然公园、世界自然基金会等团队建立长期合作伙伴关系，实行"一对一"指导模式，帮助本地自然学校快速提升。同里湿地自然学校梳理出3大解说主题、40个解说内容点，开发出湿地探秘、守护湿地等系列26套自然教育课程，可提供适合不同对象、一年四季全覆盖的自然教育服务。

四是创新模式，建立行业人才培育体系。创建"苏州昆山天福实训基地"，定期举办培训班。启动人员资质认证，逐步建立苏州自然教育系统培训体制，为完成相应培训的生态讲解员颁发"苏州市湿地自然教育讲师"初级、中级、高级证书，证书在全市通用，已为全市湿地自然学校培养98名生态讲解员。对外输出苏州模式，承办国家林业和草原局湿地管理司、其他省市林业局的培训班，已为全国400余家湿地公园提供专业人才培训服务，成为全国湿地保护专业人才培训基地。

三、发展中的思考

苏州在推进湿地自然学校发展的过程中，也遇到了一些困难与瓶颈。一是从业人员专业度有待进一步提升。目前自然学校从业人员主要是湿地公园工作人员、志愿者等，大多数人并非科班出身。从一名普通员工转变为自然科普生态讲解员需要较长时间的专业培训与实践，人才培养速度已明显滞后于行业需求。二是从业人员稳定性有待进一步提升。目前自然学校（湿地公园）多由企业运营管理，多数企业对从事自然科普的专业人员与其他员工没有差异化的优待政策，缺乏成长激励机制，且自然科普教育行业普遍收入较低，导致从业人员稳定性不足，人才流失现象较多。三是自然科普认可度有待进一步提升。当前社会的高竞争压力带来自然科普教育呈现边缘化现象，对多数家庭而言，孩子接受自然科普教育仍非刚需，导致目前自然科普的受众面较窄，社会知晓度和认可度不高。

当前，湿地自然学校发展迎来了新的机遇与挑战，上述问题需要政府、企业和社会力量在今后的工作中共同探索解决，努力推进自然科普事业迈上新台阶。

本案例所有图片均由苏州湿地保护管理站提供。

湿地教育培训资源

世界自然基金会（香港）：湿地管理培训班

　　自1990年始，世界自然基金会香港分会于香港米埔自然保护区为中国的湿地保育同行举办培训课程，分享湿地管理和环境教育的理念、原理、技术和经验等。培训的主要对象为中国的湿地保育人员，亦有来自中国台湾及东南亚地区的政府及环保组织人员参与。湿地管理培训班的目标：①以香港米埔自然保护区和米埔内后海湾拉姆萨尔湿地作为案例，示范如何进行湿地管理和推行环境教育；②让学员进一步了解湿地生态系统对人类和野生生物的价值；③提升学员在湿地保护、管理和环境教育方面的技巧和技能；④为学员提供机会，互相交流有关湿地保护、管理和环境教育的经验、技巧和知识；⑤培训人员实地考察学员管理的湿地，为有效管理提供具体的技术建议。

红树林基金会（MCF）：湿地教育教师培训

　　2017年起，红树林基金会（MCF）开始组织湿地教育教师培训，致力于湿地课程的本土化实践。2018年，组建国内环境教育专家、湿地教育中心工作人员和学校一线教师的编写团队，于2020年出版的《神奇湿地——环境教育教师手册》，将湿地教育与国内学校1～12年级课程标准相结合，是一套体系化的环境教育课程。该培训面向各湿地保护地工作人员和湿地周边中小学教师，期望通过培训能够增强保护地对开展面向学校的湿地教育的理解，加强湿地教育中心宣教人员与学校教师的密切联系和沟通。

全国自然教育网络：自然教育基础培训

　　2015年全国自然教育网络成立了人才培训小组，面向新生从业者和有志于从事自然教育的伙伴开发了一套21小时的初阶必修课程，内容涵盖自然教育基础、生态伦理、生态知识、自然观察、自然体验和安全管理6个模块。从2018年4月起，全国自然教育论坛在全国开始推广此培训。该培训将帮助参与者构建对自然教育的基础认知，了解自然教育的价值观、基本原则和基本方法；召唤使命感，让更多的人愿意深入学习和实践自然教育和可持续生活方式。适合新加入自然教育行业的人员、自然保护区和景区希望了解自然教育的人员以及对自然教育有兴趣的家长、教师等。

中国林学会：自然教育师培训

2021年4月，中国林学会开始面向全国各类保护地工作人员、自然教育基地建设单位等开设自然教育师培训。期望通过培训，培养自然教育的专业师资人才，奠定自然教育事业的人才基础，改变自然教育行业人才缺乏的现状，培养自然教育行业专业人才队伍。

世界自然基金会（中国）:《生机湿地——WWF中国环境教育课程——湿地篇》

这是一本为湿地宣教的教育者设计并编写的主题化课程方案，希望能兼顾在学校开展的课堂教育，以及在保护地和自然环境中开展的保护宣教活动的需求，甚至服务于关注孩子环境素养培养的普通家长。教育者可以遵循本书的方案开展全套系统的教育活动；也可以根据具体教育目标和目标受众的特点等因素，有选择性地挑选相关的内容组合定制灵活的教育方案；更可以遵循本课程方案编写的原则和方法，设计开发具有自身特色的教育课程方案。WWF环境教育实务培训包含了此课程部分内容的培训。

附 录

参考资料

1979年，Clark 和 Stankey的《The Recreation Opportunity Spectrum: A Framework for Planning, Management, and Research》。

2004年，国务院办公厅发布的《关于加强湿地保护管理工作的通知》(国办发〔2004〕50号)。

2008年，Freeman Tilden的《Interpreting Our Heritage》。

2009年，Steve V Matre的《Interpretation Design and The Dance of Experience》。

2013年，周儒的《自然是最好的学校：台湾环境教育实践》。

2014年，Handbook on the Best Practices for the Planning, Design and Operation of Wetland Education Centres（www. ramsar.org.)。

2015年，The Ramsar Convention's Programme on communication, capacity building, education, participation and awareness (CEPA) 2016–2024（www. ramsar.org.)。

2016年，国务院办公厅发布的《国务院办公厅关于印发湿地保护修复制度方案的通知》(国办发〔2016〕89号)。

2017年，国家林业局湿地保护管理中心的《国家湿地公园宣教指南》。

2018年，《全球湿地展望（Global Wetland Outlook)》（www.ramsar.org.)。

2019年，国家林业和草原局发布的《关于充分发挥各类自然保护地社会功能大力开展自然教育工作的通知》。

2020年，韩俊魁、邓锁、马剑银等《中国公众捐款 谁在捐 怎么捐 捐给谁》。